U0041077

なぜ、
日本人シェフは
世界で
勝負できたのか

米其林大師
從未說出的34個成功哲學

本田直之——著
葉韋利、林美琪——譯

前言

日本人現在在國際受到極高評價

如果所有日本廚師都不見了，歐洲整個餐飲業界將無法成立。這不是謊話，也不是笑話，而是事實。大約三年前，我開始注意到日本人在餐飲界活躍的程度實是非同小可。

這幾年我前往歐洲旅遊，到許多餐廳去尋訪美食，從米其林三星、當地人喜歡的小館，甚至到路邊攤。很多人認為既然到了歐洲吃法國菜、義大利菜，想當然耳，廚師應該也是法國人或義大利人吧！當然一開始我也是如此認為。但當有一次我到一家義大利餐廳，主廚介紹了個年輕人給我認識。「我們店裡有日本人哦，現在很多日本人都在這裡工作。」

後來我認識了本書介紹的松嶋啟介主廚，跟他說起了這件事，他也告訴我，「的確有很多這樣的人。」他還說，有非常多的日本廚師在當地都表現優異。

我聽了之後做了調查，當時在法國獲得米其林星級評鑑的日本主廚就有七、八人，而且人數連年增加，這樣的現象實在令人驚訝。

我當然知道日本的餐廳裡有不少廚師都有在歐洲工作過的經歷，但印象中一直以為只是短期進修或實習，從來沒有想過竟會在當地知名餐廳裡擔任主廚、副主廚，在主流第一線上大展身手。

無論棒球或足球，這十年來日本選手在海外球隊表現出色，似乎已是司空見慣的事了。但餐飲和體育賽事比較起來是更貼近當地生活的東西，每個地方都有當地的味道，照理說入門的門檻會比體育界來得高。在這樣的條件下日本人還能有所表現，讓我覺得似乎有些潮流與趨勢慢慢在改變。

或許**外國人眼中的日本人，比我們對自己人的評價來得高許多**，而且外國人對日本也愈來愈感興趣。我以這個假設，開始尋找在歐洲表現出色的廚師，一一進行採訪。

採訪之後我深深了解到，外界對日本人的高評價不僅是運動選手或廚師，甚至在一般商場上也是如此。而如果**想要在外國一展身手的話，只要將與生俱來的原創性，加上在海外競爭的知識技能表現出來就行了**。而是否了解這一點，就是關鍵所在。

或許很多人還認為在國外要爭得一席之地非常困難，不過，只有我們自己還沒發現，其實這是個到處都充滿機會的時代。

「米其林指南法國版」竟多達二十人獲得星級評鑑！

在一九九四年到一九九六年這段期間，我為了取得MBA的學位到美國留學。當時我把工作辭了，身上沒有什麼錢，一天只靠三美元生活，相當清苦。在那段有苦有樂、自我挑戰的時期，帶給我勇氣的就是表現出色的職棒選手野茂英雄。

那個時代單是要挑戰登上大聯盟都已經是很了不起了，而他竟然還能在道奇隊大放異彩、並且廣受歡迎，真的是非常厲害，令人無法想像。多虧有他的傑出表現，往後才能讓鈴木一朗、松井秀喜、達比修有等日籍選手陸續挑戰大聯盟。野茂英雄堪稱是開拓前往美國職棒大聯盟之路的先鋒。

同樣地，足球界的中田英壽也挑戰了義大利甲級足球聯賽，很多選手也陸續跟進，其他像是高爾夫球、網球等，目前職業運動選手在海外挑戰已經不是什麼罕見的事了。

正如同當年留學的我，這些選手的活躍都為許多日本人帶來勇氣，而且也激發許多人「我也要一試」的勇氣。

反觀在料理的世界，法國米其林用職業棒球來比喻的話，就像美國大聯盟。過去談到在當地有所表現的人，大概就是二〇〇二年第一個以日籍主廚兼老闆獲得一星的「Restaurant Hiramatsu」主廚平松宏之，以及之後在二〇〇六年同樣獲得一星的「Stella Maris」主廚吉野建。

他們在一九七〇年代沒有任何資訊之下遠渡重洋到了法國，累積了將近三十年的資歷才擁有自己的餐廳，得到一星的評等。平松主廚和吉野主廚等第一代拚命努力、吃盡苦頭，才開啟了「對日本人的信任」這一頁。

然而，接下來卻一直沒有出現接續的新一代，直到二〇〇六年，前面提到的松嶋啟介主廚以史上最年輕的二十八歲紀錄摘星後，整個狀況出現了大轉變。二〇一一年，同樣在本書中介紹的佐藤伸一主廚，首次以日籍主廚兼老闆的身分獲得二星。此外，二〇一**四年的「米其林指南法國版」中，竟然有多達二十位日本人獲得星級評鑑**。

雖然第二代在工作的性質上單純是「被使喚、利用的一方」，但因為有他們建構起信任的基礎，到了近期才能讓第三代有出場的機會。

活躍全球的祕訣與知識技能

過去就算去國外磨練，多半也都拿不到工作簽證，有時候甚至領不到酬勞。此外，據說還不能讓顧客看到非白人的日本人出現在廚房，必須躲躲藏藏，受到差別的待遇。

然而，自從一九九九年度假打工簽證獲得認可後，只要通過書面審核，人人都能自由地在國外工作。在失業率高的法國，雇用外國人無論在經費或勞力面的門檻都很高。即便如此，很多雇主還是喜歡工作勤奮，並且擁有高度技巧的日本人。

例如，巴黎的餐廳「Chez Michel」負責人，在接受雜誌《COURRiER Japon》的採訪時曾這樣表示。

「跟法國人比起來，日本人的勞動意願高，工作又快又仔細。萬一這個政府立法排擠日籍廚師，全巴黎會有超過一半的餐廳倒閉吧。」（節錄自《COURRiER Japon》二〇一三年三月〈少了日本廚師就談不上法國料理的時代〉）

此外，本書中提到的日籍廚師，每一位都是同時自己擁有餐廳，也就是主廚兼老闆。不過，讓我更感到驚訝的是，在二星、三星等知名餐廳擔任副主廚，很多都是日本人。副主廚可說是僅次於主廚的第二把交椅，實際上是經手一切廚房內的實務，用一般企業的說法，等於是擔任CEO（營運長）的重要地位。

不再只是出賣勞力被使喚，或是做些單純的工作，而是終於出現能在主舞台大展身手的人。

「在愈來愈多餐廳由日本人擔任副主廚的現在，我們吃的法國料理還真的是『法式』

嗎？」（節錄同前）

據說當紅的美食部落客提出這樣的問題，也引起了諸多討論。然而，目前評論家卻認為「**日本人的貢獻讓法國料理更進化**」，就連顧客普遍也都持正面的評價，「**有日本人在就放心**」。在過去那個必須躲躲藏藏，不能讓顧客發現的時代，對照現在的狀態實在難以想像。

本書中介紹的十五位日籍廚師及侍酒師，各自在法國、義大利、西班牙，或者雖在日本，對國外也具有影響力。我採訪的這些廚師幾乎都是主廚兼老闆，並且獲得米其林星級評等。

目前在全球開拓新世界的這些人，他們是如何飄洋過海，怎麼打造成就？除了對接下來有意到海外打天下者之外，對於從來沒思考過這個問題的人，應該也會很想知道其中的祕訣與知識技能吧。這就是本書誕生的緣由。

日本式的「盛情款待」大受好評

二〇一三年九月在阿根廷布宜諾斯艾利斯召開的ＩＯＣ（國際奧委會）大會上，公布二〇二〇年將由東京主辦奧運。

為什麼日本能獲得奧運的主辦權呢？我認為它的背景原因，與本書想傳達的概念，兩者非常接近。

在ＩＯＣ大會上日本用什麼來自我宣傳呢？不外乎電車準點、街上治安良好、服務細心、民眾腳踏實地……全都是我們在日常生活中認為是理所當然的事。不過，仔細想想，電車準時這件事對於一起競逐奧運主辦權的西班牙或是其他國家來說，可以說都是天方夜譚。

並不是要跟其他國家站在同一個基準競爭，而是要以日本的風格來取勝。就像二〇一三年流行語大獎選出瀧川雅美所說的「盛情款待」這句話一樣，從沒想過在全球能引以為傲的特質竟會廣受好評。

換句話說，**我們只要拿出原本具備的技巧，就能理所當然地活躍於世界舞台**。當這樣的機會來臨時，我們都能順利掌握嗎？

前陣子足球選手本田圭佑轉隊到ＡＣ米蘭，而且還是代表王牌的背號10號。說到ＡＣ米蘭隊，是在義大利甲級足球聯賽拿過十八勝的超強隊伍，因此這樣的地位等於是在日本職棒巨人隊打第四棒的位置。

在他的轉隊記者會上，國外記者問他，「武士魂究竟是什麼？」他開玩笑說，「我從來沒看過半個武士……」但他最後這樣回答。

「日本男人永不放棄的精神，加上嚴格的自律，我也很重視這些事。這應該也能算是武士魂吧？」

回到料理的領域，過去的法國菜總感覺有很多醬汁，從前菜、主菜到甜點，分量多且杯盤也多。除了奶油，主要使用的食材也都富含動物性脂肪。不過，現在在追求健康的風氣影響下，漸漸朝有機、健康的方向，避免使用動物性脂肪。

另一方面，日本的飲食從懷石料理中也看得出來，主要的路線是少量、多品項、外觀賞心悅目，發揮食材本身的優點。

在外國打拚的廚師，採納日本飲食這些長處，讓自己的料理更進化。尤其在這些被譽為全世界最高級的餐廳中，不再像以前那樣向西式套餐一面倒，愈來愈多的靈感來自懷石料理，使用日本食材的機會也變多了。

現在無論在巴黎或紐約，壽司店已經變得司空見慣。全美第一的餐廳評鑑「Zagat Survey」之中，拉麵獲選為第一名，由此就可以知道日本飲食有多麼受歡迎。

這十年來，在餐飲界所起的變化，也是日籍廚師的技巧與能力能獲得高評價的原因之一吧。

經過戰後幾十年，日本一直都在追趕歐美的腳步。不知不覺在文化及日常生活也變得去配合歐美。這或許是因為日本在戰敗後失去自信的關係。

看到廚師們大放異彩，我認為距離日本過去有自信與全世界一較長短的日子也愈來愈近了。

隨著東京奧運的舉辦拍板定案，之後又有本田選手轉隊，我更確信這個預感錯不了。

不需要勉強配合外國

二〇一三年在美國職棒大聯盟的紅襪隊，對於拿下世界大賽冠軍貢獻不少的選手上原浩治，曾這麼說。

在美國大聯盟很少見到像日本那樣路徑漂亮的直球（四縫線），而是以二縫線這種角度變化較大的球路為主流。因此，許多日本投手一到大聯盟，會想要練好二縫線直球。不過，上原選手認為面對一開始就等待大角度投球的對手來說，日本風格的四縫線更具壓制效果。

當然，就他本身而言，還有控球能力與指叉球這些強大的武器，依照一般的方式就能發展順利，這一點倒是很有意思。

鈴木一朗能在大聯盟表現出色，也是因為展現出本身的獨特風格與能力。即使到了美國，仍然維持在日本時相同的表現。如果他增加了不遜於其他大聯盟球員的威力，將目標鎖定在擊出全壘打而非安打的話……或許表現就不會那麼優異了。

過去日本人常講美國化、歐洲化，這些都是在迎合外國。

就像前面提到的奧運，即使日本的優點與強項適用於全世界、受到外國人士的好評，但日本人仍未察覺，一味勉強地迎合其他國家。或許其中有個原因，就是之前沒什麼人在國際上有出色的表現。

其實不需要勉強，也不用去迎合，更不需有所顧忌。只要有信心地忠實呈現日本人具備的本質，確實就能在外國獲得好評。那群大放異彩的廚師早就察覺到這個道理。

除了體育界與餐飲界之外，商場上也出現同樣的狀況。例如，動畫這類的文化受到的好評，還有漢字這些日式文化和建築都讓人認為「很酷」。外國人已經逐漸接受了日本的長處。

為什麼會受到這麼高的評價呢？這是因為日本人有原則。電車會準時進站，大街小巷都有全天二十四小時營業的便利商店，治安也良好。對工作有熱情，面對任何事情都很忠誠、認真。這些事情大家或者覺得理所當然，但看在外國人眼中卻非常特別。

對日本人來說，從某種意義來看，到了海外，算是有了不需要努力就能發揮原創性的環境。

分享技術與資訊的時代

過去餐飲界多半是「偷師」。比方就像「祕傳的○○」，對一些技術和食譜都會保留一手，不隨便公開，大家也認為這是理所當然。不過這種傳統惡習，現今有很大的變化。

在本書中所介紹的，連續三年拿下米其林三星的日本料理龍吟的主廚山本征治，甚至曾說過，「要弟子偷師，不肯傳授，這就是偷懶」。愈來愈多主廚都認為應盡量傳授自己的技術。

傳授的一方想法逐漸改變，學習的一方也因為網路等能接觸到的資訊變多，增加許多自我學習的機會。因為能有效學習更多的內容，實習的時間也縮短了。感覺上讓廚師增進實力的方法與基礎已經建立好了。

其中尤其是出國的門檻，已經比過去容易許多。好比在我留學的時代，根本沒有網路。不像現在，只要上網搜尋就能知道需要哪些文件，要準備什麼東西。

當年想留學的話該怎麼辦呢？大概就是問以前去過的人，要不然就是得特地先到當地一趟。但最後還是得在搞不清會發生什麼的狀況下出國。

如果是廚師想出國實習的話，得飛到當地一一打電話到餐廳尋問，或者透過熟人代為介紹當地的主廚。而現在上網就能輕鬆找到工作機會了。

本書採訪的主廚之中，有一些是從跟友人在Facebook上聯繫展開關係，之後甚至接受採訪。資訊、通訊環境在這幾年進步得更快了。

另一個和過去不同的地方，就是**支持他人成功的風氣高漲**。聽過幾位主廚的想法，就知道**現在彼此都會互相傳授知識技能，讓所有日本人都能在國外有好的表現，跟單純的競爭對手不太一樣**。

過去那種侷限於自己周邊資訊的想法，逐漸轉變為彼此互助的方式。中國人之所以能在全球無往不利，就是因為建立起華僑社群，彼此共享訊息、工作機會及知識技能。我一年之中有一半時間都待在夏威夷，很了解這一點。在當地周遭的日本人常教我許多，也幫了我很多忙。

當日本人的評價提升，機會也會隨之增加，所以大家也會分享任何資訊，一起成長。而這麼做也能醞釀出好的氣氛。

與其待在日本，出國更有機會

在各界疾呼全球標準，隨著網路的出現，看似世界連成一線。全球的規則統一的這個價值觀似乎也變得普遍，但其實不然。反倒是與外國不同之處成為了賣點，愈來愈多人開始認同這樣的差異。

本書中多數主廚與侍酒師都表示，**出國反倒比較好競爭。因為日本的餐廳多，競爭又激烈，相較之下到國外能大展身手的機會更多。**

當日本的文化及風格受到愈高評價，機會也會隨之增加，舞台也跟著愈來愈大。不僅是廚師這些所謂的創意人，其他像是業務、行銷、服務業，所有需要思考布局的商務人士也都一體適用。

目前日本的電子商務還沒有出現適用外國的企業或服務，但我認為這股風潮應該是不遠了。在此之前，首先必須要有個大放異彩的人物出現。這麼一來，就會有抱著「說不定我也辦得到」的跟隨者。

在棒球的世界也花了好長一段時間，才出現了野茂英雄這樣的選手。在那之前幾乎沒有人能在美國大聯盟發展，但仍有很多選手在這之後紛紛跟進，遠赴海外。這也是多虧有野茂英雄的努力，在大聯盟之中提升對日本人的尊重。

有了野茂的前例，接下來的鈴木一朗、達比修有、中田英壽等選手，之後有長友、香川、本田等選手的跟進，在各個領域都需要有這樣的傳承。當表現出色的人站到舞台上，能讓愈多人知道，也能讓未來想赴海外的人有參考的依據與標竿。

進入二〇一〇年代，我認為終於來到了日本人正式赴海外發展的時代。在料理的世界，當在日本的我們不知不覺之時，已經出現了劇烈的變化。

從運動選手開始，接下來是餐飲人，然後是商業人士。這股潮流將繼續加速。而在海外的表現也會變得愈來愈理所當然。

難得有機會，當然要好好把握。希望讀者能從本書當中了解，過去披荊斬棘的人辛苦的歷程，他們的知識技能及想法，對未來更抱有希望。

吃遍南美美食後，於自布宜諾斯艾利斯返日機上

——本田直之

目錄

前言——本田直之

Restaurant Sola 主廚

吉武廣樹

榮獲「米其林指南法國版」一星

「不在同一個舞台上競爭，要用自己的強項來取勝。」

Au 14 Février 主廚

新居剛

米其林一星、TripAdvisor 里昂第一名

「能不能將缺點視為強項？」

La Cachette 主廚

伊地知雅

獲得「米其林指南法國版」一星

「要哭還是要飛？想哭不如展翅高飛。」

龍吟 主廚

山本征治

連續三年榮獲米其林三星、「全球五十大餐廳」日本料理第一名

「永遠想著『還能做更多』！」

活躍世界舞台必備的34項成功心法

思考模式

工作方式

行動方法

＊本書介紹的主廚駐店餐廳以採訪當時為準

第一位在法國獲得二星的日籍主廚 ——

佐藤伸一

「即使焦急，也不在狀況不明時輕舉妄動。」

Shinichi Sato／法國 Passage 53

1977年出生於日本北海道。曾任職於札幌格蘭大飯店（Sapporo Grand Hotel）餐廳「ENOTECA」，在2000年赴法。自2001年在巴黎的「Astrance」工作兩年，之後轉往勃艮第地區酒莊、西班牙的「Mugaritz」等地，2009年在巴黎開了「Passage 53」。2010年獲得米其林一星，2011年獲得米其林二星。

以自己的靈感為判斷

「還是要做個三年，不然到哪裡都做不久哦。」因為身邊的人都這麼說，所以當年他在札幌格蘭大飯店一做滿三年就辭職，之後到了法國，更是第一位在「米其林指南法國版」獲得二星的日籍主廚，他就是佐藤伸一。

專科學校畢業後，因為崇拜三國清三主廚（東京四谷「HOTEL DE MIKUNI」老闆兼主廚），便進入三國主廚曾任職的札幌格蘭大飯店工作。剛開始被分派到啤酒吧，堅持了三年，終於進入由北海道知名餐廳「Le Musee」的石井先生擔任主廚的「ENOTECA 札幌」。將近十個月之後，突然有人問他，「要不要去法國？」

「我當然不會講法文，身上也沒錢。不過，對法國還是有憧憬的。如果要去的話再也沒有比這次更好的機會，考慮了一個晚上於是答覆『我要去！』雖然薪水很少，但對方提供住處跟三餐。本來我也不是為了賺錢才去，總之先過去試試看。坦白說，還是很擔心。」

當初下定決心要到法國學功夫，但一旦到了當地，才發現環境遠遠超過自己的想像。餐廳的宿舍房間連牆壁都沒有，只有一張彈簧壞掉的床和一條毯子。雖然勉強苦撐四個月左右，還是弄垮了身體，最後辭去工作決定回到巴黎。

「我陸續寄居幾個朋友家，帶著身上僅剩的錢到處吃，結果完全沒遇到自己心目中的美食。就只是普通好吃，不是我期待的精緻法式料理。之後過了當初預設停留的一年期限，我想回到日本後大家一定會認為，『你去過法國！太厲害了！』但要我說在法國都做了些什麼，真的全都只是一些很簡單的事。我覺得這樣實在會很糟糕。」

想必他對自己的未來有很明確的願景與信念，因此就算心急，也不願意妥協，隨便找一家店工作。

這時，碰巧有個朋友幫他在當時拿到米其林一星的「Astrance」訂了位。Astrance這家店據說改變了米其林評鑑標準，是目前巴黎最難訂到位的餐廳。本書中介紹的另一位主廚岸田周三，之後也在這裡工作。Astrance在二〇〇七年獲得三星，說是這兩位日籍廚師貢獻良多也不為過。

「我感受到前所未有的震撼。沒想到竟然是如此美味、這麼美的料理！用完餐我馬上去找主廚，告訴他『我想在這裡工作』，對方的回覆是，『沒辦法付你薪水，如果你願意進來實習是可以的』。」

一吃完馬上表示想在這裡工作，這種具備膽識的行動力固然厲害，但不拿錢做白工更是驚人。我想，一定是這與他心目中所勾勒、理想中的法國料理不謀而合吧。

在進修的重要階段該如何安排

讓佐藤主廚大受震撼、受到全世界矚目的Astrance，它的料理究竟厲害在什麼地方？據說與傳統法國料理的風格完全不同。例如，主廚巴斯科幾乎不使用法國料理中的基本醬料。

「不用醬料調味，要強調各種食材本身具備的味道，這跟日本料理的觀念很接近。主廚總教我，『無論處理蔬菜、肉類或魚類，盡量不予施加壓力，要化為食材本身的感覺』。他在工作時真的對食材充滿了敬意。」

從食材開始，到細微的火候，佐藤主廚在Astrance似乎學到了很多。在進修時期這個人生重要階段，該如何規劃、安排呢？當然，在哪家店工作也很重要。

「雖然一開始只是實習生，也沒有錢可以拿，但一大早上工還是開心得不得了。甚至實習階段大概是我最開心的一段日子（笑），我每天都過得好充實啊。」

因為是靠自己找尋，以自己的靈感做為判斷，所以即使是旁人看起來很嚴苛的條件，還是能樂在其中。料理令人感動自然不在話下，但當初選擇Astrance其實還有一個原因。那是因為它相較於其他餐廳的規模小很多。佐藤主廚二〇〇一年在那裡工作時，Astrance的工作人員除了主廚巴斯科和佐藤主廚外，只有三個人。

「在小餐廳工作，要做的事就多了，因此比在大餐廳學到的多。因為除了料理還包括採購進貨、經營，各個領域都能學習。我認為自己是在Astrance期間打下現在基礎的。」

在這裡所累積的各項工作經驗，之後都成為他的資產。如果未來要自己開店，在小餐廳學習反倒有利。這一點除了餐飲界，套用在任何工作上都適用。在大型知名企業工作好呢？還是在小公司好？其實沒有對錯，也沒有標準答案，但需要把眼光放遠，想想哪個選擇對自己比較好。

即使焦急，也不在狀況不明時輕舉妄動

工作了大約半年後，領到了跟法國人相同水準的薪水，也接受了「申請正式工作的許可（簽證）」的提議。然而，申請簽證的手續很麻煩，非常大費周章。因此，除非是資方認為很需要的人才，一般是不會提出這樣的建議，由此可知佐藤主廚受到的重視。

在Astrance工作了兩年後，佐藤主廚交棒給岸田主廚，自己則轉往勃艮第地區的酒莊工作。

「因為我也想學葡萄酒的知識。其實我本來不太喜歡評論家，不過，忽然發現自己也會在不懂得製作方法以及過程的辛苦，就隨口說出自己喜歡或不喜歡這款酒。這樣確實不太好，加上我真的想好好研究，於是我便到了勃艮第。」

雖說是很有興趣，但實在很少有人會讓自己的廚師資歷中斷，轉而學習釀酒。必須要有極旺盛的求知慾，才能投入寶貴的時間，而這就是打造自己的原創性。

此外，這段時期他拿的是期限一年的度假打工簽証。到酒莊幫忙釀酒後，回到巴黎沒多久，眼看著簽證就要到期。這時，他認識了一位贊助人，提出一年後要在東京開店的計畫。他考量到除了Astrance之外，最好再多一處經歷，於是決定到西班牙的三星餐廳「Mugaritz」進修。

Mugaritz是聖沛黎路（San Pellegrino）「二〇一三年全球前五十家餐廳排行榜」中獲選為第四名，提供的最新料理受到讚譽，在全球也廣受矚目。研究完釀酒後，接下來在料理技巧上更上一層樓，這樣追根究柢的求知慾令人欽佩。不過，那裡卻沒有他心目中的料理。

「一開始會覺得很棒，不過吃過兩、三次之後，就像洞悉了變魔術的手法，感覺沒什麼意思。好吃的料理應該是不管吃多少次都好吃吧，但那裡卻不是。我認為缺乏的是食材本身的力量。雖然法國料理並不是各方面都完美，但這下子我了解法國的食材有多厲害了，而且發現自己還是想用法國的食材做菜。」

進修的這段期間，當初在東京開店的提議卻不了了之，在一籌莫展時對他伸出援手的，是拿下米其林一星的巴黎日本料理店「Restaurant japonais AIDA」的主廚相田康次。

「他不但不收房租讓我借住他家，還提供我三餐，更讓我喝好酒。我很感謝他，也因為有這些人的幫忙才有現在的我。在那段期間，其他朋友的發展愈來愈好，我想到自己在更早之前就有贊助人，照理說應該已經開了自己的餐廳才是，結果雖然不是『龜兔賽跑』，但的確有被追趕過的感覺，非常焦急。」

沒有錢，連填飽肚子都很勉強的寄居生活，竟然持續了四年。而且當初自己介紹到Astrance的岸田主廚，還開了家「Restaurant Quintessence」，更獲得三星評鑑。

即使被Astrance後進兼好友的岸田主廚超越，佐藤主廚仍不放棄，持續埋頭做好外燴之類的工作。重點就在於他擁有堅強的意志，相信自己，不輕易轉向其他工作領域。如果心急之下輕舉妄動，或許就沒有今日的成功。

身邊有人伸出援手，加上自己又是能接受他人幫忙的類型，這種人實在很幸運。雖然當事人說「不知道為什麼大家對我那麼好」，但也不是人人都能接受這樣的幫助。正因為他具有吸引力，才會有願意幫助他、支持他的人出現。

米其林星不是用來「崇拜」，而是要設法「摘下」

終於在二〇〇九年，苦盡甘來開了自己的餐廳「Passage 53」。合夥人是目前同時擔任餐廳外場總監的喬姆．凱吉（Guillaume Guedj）。家族經營的是巴黎知名的肉鋪「Hugo Desnoyer」。當初凱吉找佐藤主廚開店時，就表示「難得有機會拿到好的肉品，想乾脆開家餐廳」。不過，一開始的經營路線並不是提供套餐料理的高級餐廳，也就是法文說的「gastronomie」，而是一般小餐館的形式，也就是「bistro」。

「因為Hugo Desnoyer很有名，開店初期有很多人來採訪，一下子就呈現大爆滿的狀態。我每天要一個人做出八十到一百人份的料理，睡眠時間只有兩到三小時，連假日也得備料，不然根本來不及。大概這輩子還沒工作得這麼操。後來果然體力已經到極限，才要求『拜託請個人來幫忙，不論什麼人都好』。」

沒多久，愈來愈多顧客希望供精緻的套餐，開幕僅僅四個月就轉換路線，朝自己原本希望經營的高級餐廳（gastronomie）前進。

雖然一開始沒辦法以心目中理想的形式來經營，但他卻沒有自暴自棄心想，「為什麼我只能開間大眾化的小餐館（bistro）？」另一方面，他也不會要自己妥協，「小餐館也好啦。」而是相信自己的能力，一步一步邁進。只要有這股強烈的意志，就算從不同的入口，也能在中途改變狀況。

轉向高級餐廳形式之後，佐藤主廚心想「二星應該能輕鬆拿到」。總之，他有個高標準以及絕對貫徹的堅定信念。

「在Astrance工作之後，我會特別在意，我認為一家餐廳還是要獲得星級評鑑，才算受到某種程度的肯定。與其說是憧憬，更像是告訴自己非拿下不可（笑）。大環境跟我十年前開始進修時大不相同，你到法國任何拿到星級的餐廳去看，廚房裡的第二把、第三把交椅都是日籍廚師。」

Passage 53開幕當時，在法國拿下星星的日本人只有三位。有人說，廚房中只有日本團隊的話，要摘星的難度很高。既然沒有這樣的前例，反而更要挑戰，於是開幕短短半年竟然就拿到一星評鑑，令人大為驚異。

包括餐廳的風格、廚房裡的工作人員，並不是要等到各種條件準備到完美後才開始，而是有一股且戰且走、隨機應變的能力。並不是永遠選擇正確的方向前進，而是突然可能需要多方探索，但最後依舊朝著自己想要的目標前進。而在外國的確需要這種求生的能力。

「沒多久的時間，我自己也嚇了一跳。有一種努力有了代價，過去那些辛苦都沒白費的感覺。雖然很多人告訴我，『付出一定有人會看到。』但四年來怎麼拚都一無所有，也讓我曾想過自己是不是沒有運氣，也缺乏實力。」

拿到一星之後，下一個訂立的目標是「三年內要拿到二星」。結果根本不需要三年的時間，竟然就在隔年成為第一位獲得二星的日本人。來得這麼快的肯定，就連他自己也表示「實在沒想到還能再度拿到，我運氣太好了」。

得到星級評鑑後公信力也跟著提升，開始能取得一些優質的食材跟高級酒品，同時也招募到優秀的工作人員。整間餐廳調整到最佳狀態，繼續往更高目標前進的Passage 53，真令人期待接下來的發展。

思考原創性與本質

佐藤主廚就是有這種除非做到符合自己的期望外，不想做些自己不滿意的事的頑固個性。他曾說過「不去揣測顧客的喜好來做菜」，這不是個人恣意而為，而是很了解自己的作法。

「在法國，如果用一些日式食材，像是味噌、醬油、山葵、抹茶的話，就能輕易獲得好評，這種餐廳更是多得不得了。話說回來，優質的日本食材不容易取得。但我要做的話就不想做半吊子，要用就盡量用自己所知最好的食材。就因為一點都不想妥協，才會這麼花時間吧。」

不被眼前的狀況所侷限，就是因為具有自己的原創性，心中有正確的方向。當然，從一星到二星之後，各方的批評會愈來愈嚴格，就算端出與之前相同的料理，也無法滿足顧客了。

此外，Passage 53有個缺點，它是這次採訪的餐廳中空間格局最窄小的。店內有一座陡峭的迴旋梯，令人懷疑能不能順利端菜，環境實在稱不上好。我實際走訪時上下樓都要非常小心。

「不過，如果一開始就認定不可能，接下來就無法前進了。要說『拿下』三星有點奇怪，意思就是『很想拿到』。為了這個目標要盡最大的努力，我自己跟工作人員也要不斷進步。至於感到沮喪的時候呢，應該是每天吧（笑）。」

佐藤主廚告訴我，「我對目前全世界流行的料理並不否定，甚至覺得很有意思，不過讓我認為好吃的並不多。」其實我個人也有同樣的感覺。

只要到所謂的星級餐廳，勢必會感到驚喜。有些從科學觀點出發，稱為「分子料理」的創新料理，也有些在擺盤外觀上特別講究。但我認為，這也可能會迷失了本質。

「在拿下一星之前，已經看到目標，因此只要埋頭做好眼前的事情就好。現在有時候也會遇到跟顧客意見不同的狀況，但無論對方怎麼說，都要貫徹自己的信念才行。我認為想要讓每位顧客在離開時說句『好吃』，就要重視這一點。」

如果凡事迎合顧客，就會失去自我。正如這番話所說，Passage 53的料理真的很好吃，已經很久沒遇到像這種因為料理而令人感動的餐廳了。

就算沒賺到錢也要學到東西

「日本人的強項還是在工作上非常仔細，而且很認真。我認為過去日本人一直沒辦法在法國大展身手，是因為做出來的菜色都像只是在仿效知名餐廳。」

當然，正因為有從幾十年前就辛苦打拚的前人奠定下基礎，近年來日本人才益發活躍，這一點是毋庸置疑的。但這幾年會有那麼多位表現特別出色的廚師，原因就在於不再複製外國，而重視身為日本人的特質。的確，本書中採訪的每一位主廚及侍酒師，都具備了原創性這項武器。

最後，我請教了佐藤主廚，對於想到海外一展身手的人，有什麼建議的重點。

「首先，要存一筆錢再過來。因為如果不抱著免錢做白工也無所謂的決心，就沒辦法在心目中理想的餐廳工作。再來，就是要做好吃苦的準備。我也經歷過明天就得交房租，但銀行存款已經見底的窘境。總之，要先下工夫充實自己，讓自己在這麼糟的環境下還能撐得過來。」

有了打工度假的制度之後，法國的工作環境比以往好得多。不過，如果沒抱著就算沒錢只要能學到東西就好的心態前來，就不會有什麼成就。而且不是單純想著「要去學習」，而是事先要做好心理準備，從一開始就會很辛苦。

從前面的內容不難理解，曾在經濟上陷入困境的佐藤主廚難怪會有這樣的建議。聽說在一直無法順利開餐廳的那段艱困時期，他還會去進一些葡萄酒或是批發名牌商品來賣。對此他也建議，「不要因為沒錢就放棄，本業賺不了錢的話也可以經營副業。」

另外，他曾經營過一段時間的外燴，也意想不到學到了一些技巧。

「外燴因為要到人家家裡，這麼一來，自然就不可能像餐廳那樣裝備齊全。因此就要思考如何在受限制的環境中盡量做出好吃的料理。真高興有這樣自我訓練的機會。」

相信有人認為要在食材、烹調用具等一切備齊之下才能做出好料理。就像在公司裡，要有充足的預算、足夠的人才，才能有好的工作表現。但如果抱著這種想法，將永遠都沒辦法開始。嚴苛的環境就像是讓自己更進步的訓練。一般的上班族也一樣，不要只待在理想的環境中工作，不如嘗試投入處處受限的環境中，刻意接受挑戰，提升自己的能力。總有一天一定會成為為自己加分的資產。

「米其林指南法國版」獲得一星最年輕的日本人——

松嶋啟介

「最好別競爭！」

Keisuke Matsushima / 法國 KEISUKE MATSUSHIMA

1977年出生於日本福岡縣。專科學校畢業後，先進入「Vincennes」後再赴法國。2002年在尼斯開了「Kei's passion」。2006年拿下米其林一星，是最年輕的外籍得主。2009年在東京神宮前開了以「地產地消」為概念的「Restaurant-I」，該店也獲得了一星。2010年獲得法國藝術文化勳章。

找工作是前往法國的跳板

「小學時媽媽說『不如學做法國菜？』一句話就決定了他的志向。她說要學做菜的話，就該到正統的法國。這應該是最早的記憶吧。」

因為母親的一句話，立志走上料理之路的松嶋啟介，二〇〇二年在尼斯開了餐廳，並且以最年輕的外國人之姿獲得米其林一星評等。另外，更是第一位獲得法國藝術文化勳章的日籍廚師，目前在東京也開了另一家餐廳「Restaurant-I」。

松嶋主廚的老家務農，從小就會耕田、採紅蘿蔔、蘿蔔，殺雞。他自己也表示，「因為接觸食材的機會多，對飲食特別關心，這也是我的優勢。」

高中時期他一邊踢足球，一邊想著要怎麼樣才能到法國。後來他進入東京的辻調理師專科學校，在找工作時做了很與眾不同的事。

「我去查了在法國待最久的廚師，然後將目前在日本工作的主廚經歷也全都查過一遍。我想，只要去找這些待得久的主廚，應該就能跟法國人牽上線。找工作的話，可以不花錢就跟主廚兼老闆談，於是我花了一個暑假，到將近十家餐廳面試。」

不為金錢，而是為自己的成長來工作，觀點就會不一樣。在這個階段，他已經把工作當作是赴法國的跳板。

最後他選擇工作的地點是酒井一之主廚在澀谷的「Vincennes」。酒井主廚當時是法國料理研究會的事務局長，決定在這家餐廳工作的原因，就是考量到橫向連結的重要性。

「對我來說，赴法之前最重要的準備，就是在法國經歷較長的主廚底下工作。這麼一來，就能了解在法國工作必備的條件。我實在想去得不得了，就連工作時也只會問『最基本該學哪些事才行？』」（笑）

他在工作時一邊尋找要在法國成功的最好方法。就像考生閱讀前人的經驗談然後仿效一樣，而本書將這些成功案例集結成冊，也是為了讓往後想赴海外工作的人可以當作參考。

在料理技術之外也可以形成差異

在Vincennes學到的「最基本」，有下列幾項。「至少要會說、會寫料理專業用語。反正一開始在廚房裡也幫不上什麼忙，只要會剖魚、處理雞肉、羊肉，就能先找到工作。」

在本書中訪問到的主廚，每個都是在嚴苛的環境下磨練了好幾年才赴海外，只有松嶋主廚稍微不同。他真的是只做了「最基本工」而已，因此連他選擇進修的餐廳裡的法國人都說，「第一次看到工作能力像你這麼糟糕的日本人，不過也沒看過像你語言能力這麼好的。」

只會最簡單的料理基本工，卻能在法國大展身手，說是因為他的語言能力也不為過。

「我學了大概一年的法文。因為沒錢，我是買ＮＨＫ的法語講座參考書，然後一古腦地邊寫邊背。年輕時每天差不多固定六點起床，然後到工作之前的兩個小時，不是看書就是複習法文。」

沒有留學經驗卻懂得外語的人，多多少少都拜ＮＨＫ之賜。不過，當年在餐廳當學徒時工作時間長、睡眠時間短，要持續用功很不容易。而且不上補習班而選擇自修，不是有相當堅定的意志是辦不到的。

除了學習外語之外，他還花心思在一件事上，就是學習法國的當地料理。酒井主廚所著的《走訪法式料理的源流》他每天早上反覆閱讀，就像是他的料理聖經。

「說到法國料理的基礎，在日本大多認為是煎歐姆蛋、熬高湯之類，但料理的基礎並不在此。酒井主廚在雜誌上寫過，食材是哪個地方出產，來自哪個地方，也就是了解食材的來源，這才是法國料理的基礎。我讀著這些內容心想，哇，這個人跟其他廚師講的都不一樣，講到我心坎裡。這也是我選擇Vincennes的原因之一。」

當然，他也磨練自己的料理技巧，更積極學習法語和當地料理。既然有些人是用技巧來勝過其他人，自然也能用其他的條件來當作自己的優勢。

用觀光簽證到處換餐廳

包括打工在內，松嶋主廚前後在Vincennes待了兩年，之後便前往法國。跟其他廚師比起來，他到其他餐廳磨練的時間很短，但決定要去法國時，達到了當初的目的──請酒井主廚開出一張曾在Vincennes任職的證明。

「我帶著證明，到法國的伯恩這個地方，去餐廳請對方雇用我。結果才問第一家店，對方就說：『好，你什麼時候可以開始？』（笑）。不過那家餐廳剛失去了米其林星星，主廚變得有點神經衰弱……下一間工作的餐廳，才第二天，餐廳幫我租的房子就跑進一大群狗，把我的行李啃得亂七八糟。結果對方說，『你是日本人，還是來當學徒的，我們不予賠償』。我覺得這實在欺人太甚，馬上辭職。」

在日本進修的時間相對短，到了法國的打工型態跟其他人也很不一樣。他在一家餐廳都不會待太久，大概每三個月就換一個地方，前後在很多家餐廳工作過。

之後他到了包括尼斯在內的南法等地，最後落腳在里昂附近奧文尼（Auvergne）地區的小村莊，有一間由REGIS MARCON經營的餐廳，當時獲得二星評鑑（目前是三星）。

「連日本工作人員也會跟我說，『啟介，你工作能力不怎麼樣，但真有膽量耶。』總之，我只有語言能通，他們說『你問主廚什麼時候付薪水』，我就幫他們翻譯。我想，這跟一般廚師的資歷應該很不同吧。」

「REGIS ET JACQUES MARCON」是當年很紅的一家餐廳，履歷上只要寫下曾在這裡工作，之後再去任何餐廳應徵都能很順利。於是，他在這裡打工三個月，再次回到了日本。

「因為我拿的是觀光簽證，只能在法國停留三個月。所以每找到一份工作，馬上要寫信找下一個工作地點。當時在法國的薪水只有四、五萬日圓，又得存錢，所以回到日本我都隱瞞廚師的身分，到赤坂王子大飯店打工。」

在法國和日本，還有各家餐廳之間遊走的生活，持續了兩到三年，其間跟當時交往的女友也論及婚嫁。於是他一度回到日本工作，但發現還是不適合……「待在日本，自己感覺愈來愈奇怪」，因為這個想法，他決定再次赴法。

在三星餐廳「Le Jardin des Sens」工作了半年，得到的結論是，想要結婚的話，就得挑個願意幫他申請工作簽證的餐廳才行。

之後，他換到某家餐廳工作，當初說好會幫他申請工作簽證，結果不僅簽證的事情毫無進展，甚至連薪水都發不出來。而且當時他已經登記結婚，眼見處境愈來愈艱難。

絕地大反攻，打造屬於自己的餐廳

「人家說最少在法國也要當上個副主廚，不然回日本根本無用武之地，所以一定得拚出個成績。之前在其他餐廳時，自己做的菜也曾被選入店裡的菜單，有這樣的經驗後，讓我想在這個國家再拚一陣子。我就這樣跟老婆說。」

跟老婆討論有沒有其他留在法國的方法時，冒出一個想法，就是自己開餐廳。買下一家店、申請商業許可證，就可以長期居留，所以只要自己開店就行了。

不過當年幾乎沒有日本人自己開店，可算是門檻最高的一個選項。太太對沒錢又不知該如何是好的松嶋主廚說：

「錢的話我有，不如我們自己開店吧！你現在處境困難，但說不定過一陣子就會轉運了呀。」

現在看起來在法國表現傑出的日本人很多，也深獲信賴，在申請工作簽證上已經容易許多。但當年他往來於法國跟日本時，真正取得工作簽證的日本人非常少。雖說這是唯一的方法，但一下子把門檻拉高到要自己開店，松嶋太太真是了不起。

「碰巧那時在街上閒晃時看到還不錯的店面，而且跟仲介介紹的物件是同一個，加上我們是二月二十二號結婚，那個店面就在二十二區，這大概是上天的旨意吧！其實之前從來沒想過自己開店，算是無心插柳（笑）。」

雖然決定自己開餐廳，但包含收購店面經營權在內，什麼都不懂。於是他買了法文商業用語相關書籍，回到日本拚命苦讀。

幸好還有一點，就是他有外場經驗的優勢。一般廚師都不太喜歡直接跟顧客面對面這種外場的工作，但他不一樣。綜合了各式各樣的能力，成為他個人的強項。

「當年在Vincennes工作時也有這類經驗，我懂得要如何維持餐廳的周轉率。如果是一間大約二十個座位的小店，我也能一邊顧好廚房，一邊留意外場的狀況。事實上，現在餐廳的經理去度假時我就自己做餐廳經理的工作，沒有侍酒師時我就自己上場。」

到了二〇〇二年五月，他終於在尼斯有了自己的餐廳。開店不久就有當地名廚幫他介紹記者在報上報導。結果，佳評如潮，開幕不到一個月就高朋滿座，成了當紅名店。

與其說是學料理，不如說是在學習思考方式

要開店時他就決定，「第一年要不惜成本，做些自己之前待過的店家那些菜色。」

「我自己無論在進修期間，或是到其他餐廳吃飯時，都會去分析該主廚的料理，像是二星的風格是這樣，三星的風格是那樣。開店第一年，當然還沒有建立起自己的風格，因此想到不如就做之前工作過的那些餐廳的菜色。」

因為有法國人問他「有沒有什麼讓山葵好吃的方式？」才偶然誕生了「牛肉千層派」這道原創料理，但其他全都是照他之前記下的食譜來做。他的想法是，只要使用當地食材持續做這些菜色，久而久之就能找到自己的風格。

第二年開始他自己做些創意料理，自己設計菜色。到了第三年，應該就能逐漸建立起自己的風格。能夠這麼快找到屬於自己的風格和原創性，都拜過去進修時的這些習慣之賜。

「我每次都會問主廚，『為什麼想做這道菜？』對方就會告訴我原因，例如因為有這項食材，或是因為這個季節之類。日本人通常不問原因，只會默默記下食譜。我當年心想，要是我也這樣，將來有機會開店的話，大概會很苦惱吧。」

與其說學料理，不如說是學習為什麼做這道菜的思考方式。套用一句他說的話，「法國的師傅，學的是當廚師的思考方式」。

很有趣的是，在法國沒有學徒經驗的主廚還真不少。酒井主廚的友人、當時拿下三星殊榮的馬克．維拉（Marc Veyrat），這位主廚本來是個牧羊人。而其他還有暌違五十六年拿下米其林三星的女性廚師、「Maison Pic」的安娜－蘇菲．皮克（Anne-Sophie Pic），以及前三星主廚奧利維．羅林格（Olivier Roellinger）、馬克梅諾（Marc Meneau），另外有原為藝術家的米歇爾．特拉瑪（Michel Trama）等。

「光是憑感性、自己的味覺，也能成為這麼優秀的主廚。既然這樣，我曾想過，作為一名主廚必備的條件或許不只是料理上的磨練，因為實際上在廚房裡主廚根本完全不動手呀。法國是個只要盤子用得好就可以的國家，換作日本的話，會在簡介上寫曾經在哪裡工作過，但根本不會有人管這種事。」

不自己做菜，就沒辦法將想法傳達給其他人，因此他親自掌廚了三、四年。他決定要徹底分析、執行成功必要的條件，找到自我的風格之後，才能成為一名真正的「主廚」。

「很多記者都建議我，『既然你是日本人，就要用日本的食材』。如果這樣我回日本就好，不是嗎？來到這個國家，當然是因為喜歡這個國家，喜歡這裡的食材才要用呀。」

重點是人與人的交流

隨著自己的風格逐漸穩定，評價也變得更加確實。他先獲頒米其林的「潛力新星（Espoir Michelin）」，又入選了餐廳指南《Gault et Millau》列出的法國五大新銳主廚。問到獲選原因，結果是「因為會說法文」。

「我猜，大概是這樣。過去的法國料理現在變成所謂的『nouvelle cuisine』，也就是新料理，換句話說，應該就是廚師露臉的意思吧。我能做外場工作，也能跟顧客溝通，面對採訪能和記者對答，這些都有很大的關係。」

當然，就算外語能力和外場工作能力都很好，如果料理太糟也不可能獲得好評。不過，在組合不同的能力下，跟其他人形成差異這一點絕對錯不了。

「頭一、兩年，我想一定要先讓大家認識我，所以我故意騎腳踏車上街採買食材，沒事就繞到咖啡廳喝杯咖啡。我住的地方沒有其他的日本人，所以我顯得特別醒目。」

他刻意讓大家認識他，還配合「演出」，把自己當作賣點。當時巴黎除了有主廚吉野健的「Stella Maris」，還有其他幾間日籍主廚兼老闆的餐廳，但在尼斯這個地方並沒有，可見會帶來一些衝擊。相信身為一個日本人，以及不像巴黎是個一級戰區，也是地理上的一大優點。

「我在一個地方就算只工作三個月，也會想盡辦法讓法國人記得我的名字，比方我會在廚師帽的背面寫個大大的『K』，離職之後我也一定每年寄賀年卡。我只有在建立人脈這一點上異常堅持。」

總之，他最重視的就是人與人的交流。除了記者之外，還有主廚、廚師，甚至餐廳附近的鄰居。建立這樣的人脈也是在海外活躍的祕訣之一。

「我幾乎沒有為了料理上的事對員工發過脾氣，我認為更重要、更要講究的是人與人之間的交流。要在這裡經營餐廳的話，就得受到大家的認同，也要對地方有所貢獻。我深切了解，一家餐廳沒有周遭人的支持就無法成立。」

最好不要競爭

在尼斯剛開店時，太太就要他提出十年計畫。計畫中寫了幾年後要得到米其林星星，還有在日本開分店等等，有很多十年內的目標，據說之後差不多就是依照這個計畫進行。

就在開幕四年後的二〇〇六年，獲得米其林一星。當時非常有名的主廚保羅・庫博斯（Paul Bocuse）還打電話來恭喜他。其實松嶋主廚並沒有在庫博斯的餐廳工作過，接到恭賀的來電時讓他大吃一驚。

「這讓我了解一名廚師原來就是這樣培養的。之後我也受邀參加其他星級餐廳主廚的聚會，除了料理之外，包括作為一名廚師的應對進退、餐飲界的組織結構等等，在聚會中聽到這些事，讓我覺得法國真是個了不起的國家。」

不喜歡被稱為廚師，而希望被視為一名經營者的松嶋主廚，我個人認為他與本書中介紹的其他主廚觀點不同。他自己也說，如果有人想依照他的方式可能滿危險的（當然我想像他這樣一下子就自行開店，也不是說學就學得來……）

最後，問他為什麼現在的法國充滿機會？他告訴我兩個原因。

「法國人呢，只要磨練到一個程度後，大家就會到外國工作。因為在法國薪水很少，到美國或英國才能賺大錢。我想這是社會結構的問題，但反過來說，也因為這樣在法國的外國人才有表現的機會。」

另外，在一九九〇年代徵兵制取消後也有影響。比松嶋主廚年長的法國人服過兵役，多半生活規律、具有領導力，但年輕一代就不一樣了。因為有這些背景，日本人反而能順利填補所出現的斷層。

「應該有些人很相信競爭的原理，藉由競爭來讓自己感到心安吧，也似乎在告訴自己，自己很努力。不過，我覺得最好還是不要去想競爭這種事，我希望大家可以稍微想想如何獨樹一格，成為獨占的好處。」

全球知名三星餐廳

「雅典娜廣場酒店」前副主廚 ——

小林圭

「正因為選擇少，才有機會！」

Kei Kobayashi / 法國 Restaurant Kei

1977年出生於日本長野縣。1999年赴法，陸續在包括「AUBERGE DU VIEUX PUITS」等知名餐廳工作，2003年前往巴黎。進入世界級主廚亞倫・杜卡斯（Alain Ducasse）的三星餐廳「雅典娜廣場酒店餐廳」工作，最後四年更擔任副主廚。2011年在巴黎自行開店，並於2012年獲得米其林一星。

「會過敏所以不能碰魚」的謊言

目前在巴黎經營「Restaurant Kei」的主廚小林圭，在十六歲時進入了餐飲界。故鄉長野的「東急Harvest Club」開啟他的廚師之路，在這裡他工作了四年左右，便前往東京。陸續累積了兩、三間餐廳的經驗後，在二十一歲赴法。

本來他到法國，應該要到日本主廚介紹的一家位於布列塔尼的餐廳工作，然而他到當地一看，發現好像不是這麼回事。

「在巴黎兩個月左右，讓我陷入了絕境。我不但飽受打擊，身上沒錢又加上營養失調。不過，過去我在日本也不是遊手好閒，心想只要有機會進廚房一定能好好表現。很多人跟我說，『可以介紹你去bistro這類小餐館。』但我對那一類餐廳完全沒興趣。我來到法國就是想像著自己可以在米其林二星、三星的餐廳工作。」

被逼到這樣的絕境，多數人應該會先妥協，換個幾家餐廳工作，然後號稱「我在法國磨練了兩年」之類的再回日本。不過他的目標高遠。明明才二十一歲這麼年輕，卻已經很清楚自己要做的事了。他希望在法國一定要學會一項技巧，那就是在日本不太有機會學習到的，要加強料理肉類菜色的手藝。

「我第一家工作的餐廳是『AUBERGE DU VIEUX PUITS』。進去之後，果然大家一聽到是日本人，印象中就是很擅長料理魚類，因此都被分配這類工作。但我說我會過敏不能碰魚，要是不讓我料理肉類我只好辭職。」

這當然是騙人的。一般來說，要是分配工作時說「你來處理魚」，通常都會直接答應。但這麼一來，就會變成個受使喚的人。想在國外有所發展，必須有一些即使說謊也想學會的技巧，以及絕不讓步的強烈意志，而且要很清楚明白表達自己的意願。

「技術愈磨練愈進步，不過要習得某種程度的技巧需要一定的時間，我想對於處理魚類和肉類，需要十年的時間吧。當年我在日本時，假日也到處進修，或是到處去吃。在東京時會到住在隔壁的主廚家邊吃飯邊看些過去廚師的錄影帶觀摩。總之，醒著的時候都在研究料理。我在高中就休學，所以沒有其他技能可以轉行，這輩子只有料理了，所以我必須全力貫徹。」

就像他說「雖然我才二十一歲，但不會比其他二十五歲的人來得差」，但如果一直想著自己還年輕，就可能會把握不到機會。即使他在還想玩的年紀，卻有著認真磨練養成的自信，以及知道自己能辨得到、希望一求表現的堅定意志。當然，這是要經過努力才有膽識說這些話。

在我跟這些活躍海外的主廚聊過之後，發現二十五歲之前出國的人很多。似乎還沒習慣日本老舊傳統反倒比較好。當接受一項工作時，會說「我沒試過，但沒問題」，不知恐懼為何物。反過來說，一旦了解太多，腦中不自覺會浮現萬一失敗的狀況，不知不覺就變得保守了。

從來沒有真正在企業行號工作的人，反而會想到一些有趣的生意，美國的創投企業有許多這樣的案例，試著去問他們為什麼會有這樣的想法，大概就是「只是去做些自己覺得還不錯的事」。不過，能以這種自由創意的方式來思考，正因為他們不了解一般公司的運作模式，才能不受常識束縛。說不定這樣的模式更適合這個時代。

正因為選擇少，才有機會

前往法國時，小琳主廚完全不會說法文，但他也強調沒有印象因此吃過什麼苦。

「在日本的時候也一樣，料理這個領域，就是『邊看邊學』。當然，當學徒磨練的時期，上面的人真的也不會教你任何東西。在那樣的環境中，就會去想，他們現在在做什麼，而自己該做什麼。話說回來，在那樣的環境下學習或許才是好的。」

不過，近來不知道是不是提倡「寬鬆教育」的影響，愈來愈多人沒教的東西就不會，一定要等到接受指示才會開始行動。目前Restaurant Kei的員工有一半是法國人，其他一半則有英國人、美國人、巴西人和日本人，各國人士都有。到外國工作，從某個角度來說就是要拚輸贏的，就算語言不通，也要自動自發。必須要有這樣的心理準備才可以。

「如果跟不上的話，最後只好離職。想要在法國生存下去，只能這樣做。最後就取決於在料理上能有多投入，對料理有多要求了。」

把自己放在什麼樣的環境很重要。不管身在法國或日本，如果只選擇讓自己待在輕鬆愉快的環境裡，很難獲得真正的成長。到了外國，日本人能工作的地方有限，選擇範圍也小了。不過，刻意將自己投入到嚴苛的環境中，自然而然就可以學到東西。反過來說，選擇多也可能造成負面影響。

「目前法國勞工非常遵守每週工時三十五個小時的規定，而且法國人不必擔心簽證的問題、工作機會也很多。所以很多人都會選擇大型兩班制的餐廳，這類相對比較輕鬆的工作。另一方面，日本人光要找到能工作的地方就得大費周章。像我當學徒的時候，一天工作十二小時，每星期六天，工時就差了將近一倍。這麼一來，從一開始的階段水準就有落差。如果貪圖輕鬆，在下個階段即使想往上爬也沒有那麼容易。」

只有當地年輕人遵守工時規定，一般人多半覺得外國人很可憐被剝削，其實不然。對於從第一階段就開始努力的人而言，這個時代其實遍地都是機會。

不要眷戀頭銜，要靈活運用自己的名字

二〇〇三年，小林主廚轉往世界級主廚亞倫．杜卡斯的三星餐廳「雅典娜廣場酒店餐廳」，在這裡工作了七年。當時雅典娜廣場酒店中的餐廳，是巴黎首屈一指，也是廣受全球矚目的餐廳。在這裡工作的最後四年，他擔任了廚房中可說是實質負責料理的副主廚。然而，即使有了這樣的地位，他還是經常陷入兩難。

「雖然實質上廚房由我掌管，但我畢竟不是主廚。而且我真正想做的事，並不是站在上位。最後三年左右我一直表達想辭職。如果本來就想往上爬的話就另當別論，但一般廚師辭職換餐廳工作的話，都會降薪。所以主廚的位子很難空出來。」

雅典娜廣場酒店餐廳的第二把交椅，這個地位在餐飲界就跟神一樣。但還想要更上一層樓，這樣的精神真了不起。說得極端一點，除非做出什麼特別誇張的事，理論上能一直待下去吧。當然，我並不認為副主廚的工作不辛苦，但跟自己開店比較起來應該是輕鬆一些。

「雖然輕鬆，但沒有未來呀。當時我三十三歲，杜卡斯主廚五十四歲，他大我將近二十歲。他還會不會再做十年，並不知道，但我在這一行最少還會待個二十年吧。這麼想，還是得有一番作為才行。」

這就是思考分歧的關鍵點。要像他這樣計算後深思熟慮呢？還是樂於停留在眼前的地位呢？假設十年後，杜卡斯主廚退休，到了那時才開始想該怎麼辦，應該為時已晚了吧。

在對方慰留，要他繼續待一陣子的期間，他開始籌備自己開餐廳的事宜。

「週末我會請有交情的記者到家裡來，做很多菜請他們吃。另外，我也會透過食材進貨的廠商來建立人脈。亞倫・杜卡斯的名號果然很好用。我的目標就是跟其他人建立起信賴的關係，讓我在做一些安排時可以獲得其他人的協助。」

不貪戀地位，而是要活用名字。用時下的職稱來說，副主廚就等於一家公司的CEO的地位，不過一旦辭掉雅典娜廣場酒店餐廳的工作，就會頓時失去這個頭銜。他要做好準備，當他回到「小林圭」這個單純個人的身分時，也能用自己的名字闖天下。話雖如此，會招待記者到家裡吃飯的廚師，我還真是連聽都沒聽過。

「如果只是跟別人做一樣的事，就不會有自己的特色。我工作時，周遭的人經常告訴我這件事。『一表明是豐田汽車的部長，大家都會和顏悅色。但如果被豐田炒魷魚，到時還能做些什麼呢？這一點要考慮清楚。』」

商場上也有一些人毫無準備，突如其來就離開公司，卻往往發展不順利。在工作上先展現成果，同時也做好準備，我認為無論在海內外，這都是生存必備的條件。

要如何善用外籍工作人員？

在很年輕的時候就到法國的小林主廚，其實就連管理日籍員工的經驗都沒有。當我問他，「要怎麼善用外籍工作人員？」他的回答是「非做不可，只能硬著頭皮做了。」他說關於人才的教育與管理，都是在雅典娜廣場酒店餐廳時期的學習。

「沒有人跟我說要怎麼做。但隨時觀察二十五名左右的工作人員，到最後一下子就能看出來這個人做不做得下去，我跟這個人合不合。我在那裡五年多的時間，有好幾十個人離職。」

一開頭曾經提過，必須自行思考、主動出擊。其實爬得愈高，這種傾向愈明顯。尤其在外國還有語言上的障礙，無論在料理或管理上，都不可能有人仔細地慢慢指導你。

就算拚命學習，擁有豐富的知識，但有些事情不親自投入的話就是學不會。不要去想做不做得到，而是要把自己逼到一個不得不做的地步。做好正面對決的心理準備，刻意讓自己處於嚴苛的環境，說不定是增加實力的最好方法。

此外，當副主廚和自己成為老闆兼主廚時，用人的方法是完全不同的。

「自己擔任副主廚，上面還有杜卡斯主廚時，其實還滿輕鬆的。就算我提出什麼要求，只要想待在這裡，下面的人就得跟著做。不過，等我自己當老闆之後，這招就行不通了。畢竟不是三星級餐廳，也沒有能讓大家跟隨的優勢，所以我得開始思考提升員工士氣的方法。還有另一個重點，就是不要要求過高。要求過高的話，可能明天、後天員工都跑光了。」

法國是個真正以法律保障員工的國家，要是硬將員工開除，資方絕對要負責。正因為如此，了解自己目前的狀況，在日常中實踐與學習就變得非常重要。就算在前一家餐廳看來順利，同樣的方法套用在自己的餐廳也未必行得通。如果沒察覺到這一點，一定會讓其他人覺得受不了，不想再待下去的。

「進入雅典娜廣場酒店餐廳時，因為所有人都得從最基層做起。所以我花了將近兩年的時間當上副主廚，不過只要表現出自己的本領，想要爬到某個位置其實沒有那麼難。可是，自己開店畢竟不同。」

光從用人這一點來看，在外國開餐廳的門檻也很高。面對工作人員對於一些規則表示不滿時，會心想「在這種國家待不下去了」乾脆放棄？還是思考「在這種狀況下該怎麼辦？」這樣的態度在外國打拚時也具有關鍵性。

寫信給一百位公司社長「我想開餐廳！」

小林主廚會做出像是邀請記者到家中用餐，這種其他人不會做的事。其實類似的狀況還有另一個例子。他在辭掉雅典娜廣場酒店餐廳的工作後，在語文學校上課期間還做了一件事，非常有意思。

「我查了日本前百大企業，然後寫信給各家公司的社長，『我想要在法國開餐廳，可以請你贊助嗎？』這是從法國寄出，而且是給社長個人的信件，有些人會認為是朋友寄來的，也有人回信。就算沒有實質上的贊助，也可以趁這個機會知道我這個人，以後再製造機會時就有話題了。（笑）」

光論寫信這件事，其實並沒有費太大的工夫，但多數人都不會付諸行動，原因就是心想反正一定會被打回票。這裡的差別就在於是否有凡事得先嘗試的想法，想要建立人脈，根本沒有一定的法則。

二〇一一年開幕的Restaurant Kei，以獨資開設的第一間餐廳來說，無論是餐廳氣氛、裝潢，都比想像中來得精緻。要拿下米其林星，料理口味和服務當然不在話下，其他像是餐廳裝潢、化妝室這些硬體設備也很重要。不過，這是過去的狀況，目前評鑑標準也有些改變了。

「我的目標並不是米其林一星。這裡原本可是世界知名的主廚Gerard Besson主導的餐廳，一直以來都維持米其林二星的地位。所以我只要好好做，一定能拿下二星甚至三星。」

還沒開始就想像著要拿到三星，自己必須要擁有這樣程度的舞台。不拘泥於眼前，而放眼未來，大膽投資。結果因為自己籌措資金，聽說大概花了一億日圓。

法國這個國家比較特別，要開餐廳只能在原本就是餐廳的店面。也就是如果有人不做了，下一個接手的人就要購買經營權，至於房租要另外計算。經營權據說是餐廳一年營業額的九成左右，因此假設每個月的營業額是一千萬圓，一開始就必須準備一億圓左右。

另一方面，只要營業額提高，最後要轉手時也能賣到相當的價格，就是類似不動產的概念。因為這樣的制度，餐廳的絕對數量就不會出現爆炸性增加，加上維持入門的門檻高，只要做得好就會是一門好生意。

除此之外，巴黎還占了地利。在日本就算拿到一星的餐廳，有時也難免出現門可羅雀的現象，但如果是在巴黎的一星餐廳，幾乎能保證隨時客滿。不但建立了品牌，客層更是遍及全世界。連一星都這樣，三星的餐廳就更不用說了。

「在法國要拿到三星，餐廳外觀固然很重要，料理的型態也必須全部改頭換面才行。如果跟著別人做一樣的事，絕對拿不到。還要展現出每位廚師的個性，或者特色，總之要一眼看出是特定主廚的料理才行。」

在短時間內提升注意力

旁觀者看來或許辛苦，但當事人都樂在其中或感覺幸福。我認為很多在外國功成名就的人，都常有這樣的感覺。

「一開始在巴黎工作時，早上八點開始，早的話到半夜兩點，晚的話會到四點，馬不停蹄。工作本身讓我很高興，而且主廚很快就答應讓我處理肉類。既然人家把工作交給我，自己就會想著要有所表現才行。因此與其關注工時，我更在乎自己學到了什麼，這才是工作最大的價值，也是為了自己的將來在鋪路。工作時間長，其他人要花五年學的事，我不就用兩、三年就會了嗎？這麼一來也能更快地往上爬。」

在其他餐廳磨練的時期，他把全副精神都放在如何在短時間內增加實力。這是在初期階段最該思考也最重要的一點。人有些必須集中精神的階段。從零開始，決定好要做這件事就需百分之百地投入。如果無法判斷出每個階段的感覺，無論到哪裡，做什麼事，都很難順利。

「在gastronomie也就是高級餐廳的世界，我認為勝負關鍵就在於能專注到什麼程度。當然，bistro這樣的小餐館也要端出好吃的食物。不過，高級餐廳在每一盤料理中投入的專注力與時間，完全不同。例如，我們的店員包括外場人員也只有大約十五名，服務的顧客只有二十五人。這麼一來，就只能看每一盤菜色的完成度有多高來決勝負了。」

在第一階段就提出「麻煩上班時間訂在朝九晚五」，或是「我不加班」這樣的要求，應該沒辦法達到高水準吧。

要長時間工作？還是完全不加班？這當然都是個人的選擇，也沒有所謂的對或錯。只是，想在國外拚個輸贏的話，就要做好在短時間內密集工作的心理準備。

當然，也不是只要長時間工作就好，應該說要思考出工作節奏，然後再去進一步實現。

「在日本不管是餐飲界或其他的公司企業，好像有種不眠不休的美學。但我很討厭這樣的模式，工作的時候好好做，不做時就好好休息。要睡覺就睡吧。不過，營業時間內我希望能保持百分之一百二十的專注。」

不用補強弱項，要提升強項

「日本人大概是全世界唯一什麼料理都吃的民族吧。今天吃中菜，明天吃法國菜，後天吃日本料理，沒有一定得吃什麼。其他國家的人絕對不會做這種事。日本人這種充滿彈性的性格讓我覺得很厲害。」

日本的職棒選手到美國大聯盟發展時，跟隊友並肩一字排開，首先讓人發現的就是體型上的差異。想跟他們一樣，成為專打全壘打的重炮手也沒辦法，因為自己的特色就是穩穩地擊出安打。

一開始專作傳統法國料理的小林主廚，也在自行開店之後運用日本人的強項，轉而端出自己設計的菜色。他發現需要的不是修正自己的弱點，而是提升強項。

「有些人會講些法文，工作順利一點了，就會認為『我跟法國人沒兩樣』，這樣的想法行不通吧。過去我在雅典娜廣場酒店工作時，餐廳會隱瞞副主廚是日本人的事實。有媒體要來採訪我，我也不能擅自接受。」

正因為身為外國人的弱勢，才會讓自己意識要更強大。話說回來，日本的廚師是在最近這七、八年才開始陸續受到好評。從二〇〇二年「Restaurant Hiramatsu」的主廚平松宏之，以首位日籍老闆兼主廚之姿獲得米其林星開始，這是前人打下的基礎，到此刻開花結果。

「在外國打拚，重要的是不忘自己是日本人。隨時得在腦中思考著『何謂日本人？』『是什麼樣的種族？』只要踏出日本一步，我們就是外國人，當然要有代表國家的自覺才行。」

不要想著去配合那個國家，而是要去發揮自己日本人的長處。這麼一來，就會有更多的機會。最後我請他給要赴海外的日本人一些建議，他的回答出人意表。

「還是先學會語言比較好。我年輕的時候會覺得『這個人在說什麼啊？』（笑）不過，假設就算到了三十歲才過來，要是想一直留在這裡，接下來不是還有三十年嗎？這麼一想，就算眼前的一年做白工，先紮實學好語文不是比較好嗎？我現在會這麼想了。」

榮獲「米其林指南法國版」一星 ——

吉武廣樹

「不在同一個舞台上競爭，要用自己的強項來取勝。」

Hiroki Yoshitake / 法國 Restaurant Sola

1980年出生於日本佐賀縣。專科學校畢業後，陸續在「La Rochelle」、「Le Pirate」磨練了六年之後，浪跡天涯。2008年赴巴黎進修，2009年於新加坡開了「Hiroki 88@infusion」。之後重返巴黎，在2010年開了「Restaurant Sola」。開幕之後短短一年多，就於2012年獲得米其林一星。

浪跡天涯找到「想做的事」

有一家餐廳，出了三位在外國獲得米其林星的日籍主廚。就是大家耳熟能詳的「料理鐵人」坂井宏行的「La Rochelle」。其中一位就是在巴黎開設法國料理餐廳「Restaurant Sola」的主廚吉武廣樹。

他從福岡的廚師學校畢業後便進入La Rochelle。工作了三年之後，轉往出自該店主廚自立門戶開的「Le Pirate」，又待了三年。一共磨練六年之後，他當個背包客，花了一年時間遊走全球。

「從亞洲經過印度、尼泊爾、埃及和中東，然後繞道歐洲再往美國，這樣差不多過了一年，於是又回到日本。走了這麼多國家，讓我體會到法國料理的偉大。細膩、有深度，再次確認自己想做的果然就是法國料理，於是我申請了學生簽證前往巴黎。」

到外國闖一闖，能發現自己真正想做的事。不過，廚師之中到外國磨練的人很多，但像他這樣浪跡天涯難道都不感到焦急嗎？

「那時候我每天都過得再好不過了（笑）。全身上下只帶著一把菜刀或是一套烹飪工具到處走，我會用到旅店廚房幫忙，或是教人家日本料理來換宿。還曾經幫在路上認識的人包辦婚禮菜色呢。連其他背包客夥伴都說，『廚師真好，走到哪裡都不怕沒飯吃』。就算在國外工作一整年，也不可能像這樣每天獲得新見聞，這樣到處旅行，每天都是截然不同的一天。」

念大學時當個背包客走天涯的人還真不少，但如果沒有個浪跡天涯的目標那麼就毫無意義了。沒有目的的話，最後只是單純出門玩一趟。吉武主廚的行為看在其他人眼裡，可能像是中斷了主廚資歷出去玩，但他這一年的投資，卻成為決定未來方向的基礎。

既然能浪跡天涯，表示語文能力應該很不錯吧？結果並不是那麼一回事，這也很有意思。

「我根本沒學過法文。之前環遊世界只用英文，而且也是看心情隨便講（笑），不過，跟顧客交談時就會發現自己的語文能力實在很差，經常覺得要再多加油才行。」

二〇〇八年，吉武主廚邊上語言學校，同時在巴黎找機會磨練。一年半左右的時間中，他待了大約半年的是佐藤伸一及岸田周三主廚也工作過的餐廳，位於巴黎的「Astrance」。當時這家餐廳已經是三星級，他等了將近半年好不容易有缺額，才想盡辦法進去。

二〇〇九年十月，有個機會出現。他因為某個餐飲界的活動到新加坡，受到當地一位社長的青睞，決定在新加坡開餐廳。然而，這家餐廳並沒有維持很久。

「工作之後，發現當地飲食文化的差異，或者說是對料理沒那麼熱衷。我覺得三十歲的時候，在新加坡發展實在有點可惜，應該要去對手多一點的像是紐約、法國、日本這種地方才好。日本的米其林一星餐廳，到了全球也沒沒無名，但在法國拿到一星的日本主廚餐廳，無論是Stella Maris、Hiramatsu或是Keisuke Matsushima，都有一定的知名度。想想自己五年後、十年後的未來，還是要先在法國拿到一星。」

嚴峻的環境是優點

在新加坡開的餐廳生意非常好，他卻沒有選擇這條輕鬆的路。抱著更高的目標與決心回到法國的吉武主廚，跟學徒時期的夥伴聯手在二〇一〇年十一月開了Restaurant Sola。

他有信心能在巴黎闖出一片天地，原因之一就是他在新加坡開的餐廳非常成功。另一個原因是他具備La Rochelle磨練的經驗。

「當年在坂井主廚的店裡，法國回來的學長很認真，也非常嚴格。我幾乎從早到晚都沒什麼休息。後來我在很多地方跟其他廚師一起工作，才明白大家的基礎都不同。在相對輕鬆的環境下學習的人，聽到主廚命令『動作快！』時也快不起來。反觀我們這種過去好幾年每天都挨著罵的人，像從La Rochelle出來的新居剛（Au 14 Février里昂店）、濱野雅文（Au 14 Février聖阿穆爾貝勒維〈Saint-Amour Bellevue〉店．一星），還有我，我們都有不錯的成就。」

吉武主廚在La Rochelle工作時，剛好是「料理鐵人」播映結束的那陣子。當時有一部分人受到電視節目的影響，餐廳裡的工作人員全都是企圖心強的人。

「連假日大家也一起到農家，或者到其他餐廳觀摩。一群士氣高昂的人凝聚在一起，自然而然早上也很早就到餐廳上工了。要是有人八點來，其他人就會想要更早來，彼此不斷競爭。」

年輕時就在嚴苛環境下競爭有好處，跟高水準的夥伴交手，自己的水準也會自然跟著提升。在深夜晚下班的餐飲界，一般來說早上也晚上班，如果所有人都懶洋洋，最後大家的態度一定會得過且過。但如果大家都一大早就上工，就不會允許這種狀況發生。

夥伴之間的強烈企圖心，其實是一種良性的「同儕壓力」。這樣的經驗讓在法國的日本人當然比法國人優秀許多。

「法國原則上一週工作五天，而且基本上休息時間大家都會回家一趟，他們不習慣在短時間內密集工作。另外，工作跟私生活分得很清楚。不過，日本人大多數無論工作或私生活都花時間在工作上。如果每星期多工作一天，一年就多了幾十天，十年下來的差別就是一年左右。坦白說，我一點都不覺得會輸，萬一輸了，不就等於完全否定過去一切的努力嗎？」

在法國時也一樣，能到Astrance這個高水準的環境中競爭很幸運。以往自信滿滿的吉武主廚，也會說「那裡的法國人怪怪的」，可見聚集的都是高企圖心的人才。

「才休息一下子，但工作時的專注力實在太驚人。而且休息時間還會去慢跑，真的很誇張耶（笑）。」

不在同一個舞台上競爭，用自己的強項來取勝

雖說不覺得會輸給法國人，但對他們來說，法國菜是自家的料理，日本人則是外人。一般來說要一較高下，不是相當不利嗎？

「現在全世界的料理都沒有框架了。雖然會因為在不同的地方學到不同東西而有所差異，但與其說哪一國的料理，不如說是代表個人的料理吧。比方說我自己，日式食材當然不用說，過去我也跑遍亞洲各國，所以也會使用亞洲的食材。當然，就分類來說還是在法國料理領域，但這也不是我自己標榜的。所以我完全不覺得對法國人就比較有利，對日本人就不利。」

不僅是法國料理，在商場上也一樣。現在已經沒有過去那種框架，日本就得依照日本商場的作法，法國就得依照法國商場的作法。好比亞馬遜就是一個例子，在全世界都是使用同一套商業模式。當然，部分細節會根據每個國家量身訂做，但現在可說是進入一個無國界的時代了。

「如果是舉辦一個法式料理傳統燉牛頰比賽，或許我們的確跟法國人比起來較不利。不

過，用好的食材，還有傳統技巧……也就是法國三星料理，跟我做的料理完全是不同類別。其實我根本不覺得是在同一個舞台上競爭，我只要獲得我該有的好評，然後維持每天的來客數，這樣就好了。」

以自己的強項來決勝負。反過來說，即使模仿歐美人士，跟法國人做出一模一樣的料理也是枉然。而另一個強項，就是身為日本人。

「比方說，做法式鵝肝凍派卻用味噌醃過，或是像我來自佐賀縣，就會用唐津燒或有田燒的器皿來盛裝料理。會很認真地思考自己的特色，這還是在當背包客時期養成的習慣。真的背起背包上路後，就知道沒什麼地方是去不了的，一搭飛機，很容易就能繞世界一周。既然我選擇走上料理這條路，就希望盡可能在全世界都有好的表現。」

看看世界，了解自己的強項，發現有更高的目標後付諸行動。果然那一年的時間並不只是單純的自我放逐。

在巴黎摘下一星的意義

除了規劃出將來的願景之外，更重要的是反過來思考。了解接下來該走的路之後，就能知道自己需要的是什麼。在新加坡時期，他認為現在該做的事就是「摘下星星」。

「得想想自己到了三十五歲、四十歲之後的未來，還有餐廳的經營。因此，我認為在巴黎拿到一星很重要。這不但能提升自己的價值，而且有了這塊星星的評鑑就能讓生意變得好做很多。先在巴黎拿到一星，餐廳的經營上軌道之後，未來可以再到新加坡或其他地方拓展。」

國外真的有很多機會。在我這次採訪的眾多主廚和侍酒師都是這麼說。

「巴黎是個世界遺產的城市，永遠有絡繹不絕的觀光客。另外，保持餐廳的絕對數量也是一項重點。即使餐廳歇業，這個物件還是會有新的餐廳進駐。在日本，餐廳數量可能會愈來愈多，但在這裡就沒有這種現象。所以只要能端出一定水準的料理，無論什麼樣的餐廳都會每天客滿。另外，初期需要的資金龐大，就算臨時想開間餐廳也沒那麼簡單。不過，一旦獲得信任，要拓展下一間店就容易多了。這一點也是巴黎很吸引人的地方。」

前面曾解釋過，巴黎有自己特殊的模式，必須購買經營權才能開餐廳。不像日本，在附近的住宅區突然就冒出一家餐廳。當然，此地水準都很高，不過就競爭率來說，說不定還比日本輕鬆。

況且，現在已經不是對日本人不利的時代了。看看法國知名的餐廳指南《Gault et Millau》，近年來也不斷報導日籍廚師。

「在十年前、十五年前，或許真的被瞧不起，不過，Stella Maris的吉野主廚，還有Hiramatsu的平松主廚，他們都大大提升了日本人的地位。現在我們這些日籍廚師比較容易能獲得好評了。反過來說，我覺得身為日本人比較有優勢。」

從失敗中學習行銷的重要性

就像他說過要「摘下星星」，Restaurant Sola在開幕一年多就得到米其林一星。這時候最重要的就是行銷。

「當初我在新加坡，沒有半個熟人，餐廳開幕後一、兩個月根本沒人來。也不能花錢，只好免費招待媒體午餐，默默埋頭苦幹，總算到了第三、四個月之後，才讓餐廳幾乎天天客滿。」

在日本通常不會那麼積極，但在歐洲想拿到米其林星的話，就必須跟記者建立良好關係。讓他們了解自己的料理，獲得好評之後就能當作宣傳，這樣的評價也會傳到米其林。

「以前無論是在日本或新加坡工作，壓根都沒想過行銷這回事。但後來才發現它的重要性。從新加坡的經驗中讓我了解該做哪些事，錢該花在哪裡，也讓巴黎的餐廳多少能夠順利進展。」

在這裡也運用了過去的經驗。付諸實行後失敗，再從失敗中學習，我認為這也是成功廚師的另一個共同點。

日本人的優點就是將「認真」發揮到淋漓盡致

由於法國規定每週工時三十五小時，反倒使得機會變多，這也是我在這次採訪中聽到的許多人的想法。Restaurant Sola的廚房裡沒有法國人，清一色的日籍員工。

「我們一星期營業五天，星期日和星期一公休，但星期一幾乎是全員出動採買。平常的休息時間，一天大概半小時左右吧。如果雇用法國人，應該會出現各式各樣的問題。」

其實法國人也不是所有人都這麼懶散，也有像Astrance這種聚集了很多高效率的員工。不過，訂出高於規定的工作量就算違法，所以要雇用法國人確實難度比較高。除了長工時之外，日本人在法國備受好評的原因就是「工作認真」。

「就連枝微末節也會深入思考，在日本的廚房裡都會有這些訓練。不管是對客人，對料理，還有對工作人員都一樣。隨時保持認真的態度，仔細處理每個細節，這是日本人的特色吧。不過，跟法國人比起來有時候也有些腦筋轉不過來的地方……」

在一九六〇年代的經濟高度成長期，法國為了確保勞動力而推動移民政策，使得巴黎目前有來自各個國家的人。也因為這樣，無論來自哪個國家，有什麼樣的想法，這個地方都能很有彈性地接納。今天日本人獲得的好評，可能是除了原本具備的認真，加上法國的彈性，兩者配合得宜的結果吧。

「不過遇到我訂購的魚貨沒送到，這類當地人的散漫個性，還是會讓我大傷腦筋。只是，為了這種事情動不動就生氣也不是辦法。我長年來都在國外，也習慣了，這點小事算不上苦啦，每天都很開心（笑）。」

沒有自我到最後就是讓人占盡便宜

從福岡的廚師學校畢業後，前往東京的人很少，當年吉武主廚選擇到東京發展，磨練了一段時間之後又浪跡全世界。他總認為不能老是跟其他人做同樣的事。

「雖然會很辛苦，但我認為大家可以多往海外拚拚看。只不過在日本的都是高手，要是太多人出國也很傷腦筋……」

聽起來好像是只要踏出去就贏了。每次我看到出國發展的人，總覺得可以分成兩類。一種是為增進實力，讓自己更上一層樓，而另一種就是被人使喚被占盡便宜的人。

「日本人都很客氣，絕對不會主動說出『我認為……』的看法，但這套在外國可行不通。如果發現有想做的事，不積極表示『我想做』的話，工作就會不斷被別人搶走。明確表達自己想做什麼，這點很重要。」

能增進實力或是只是讓人使喚，分歧點就在「是否確保自我」。不斷積極前進，而且自己決定方向，另外能否掌握機會也是重點。

不僅在餐飲界，這樣的原則可適用於任何工作。就算有再好的技術，缺乏自我就難有好的表現。尤其日本人的態度認真，工作賣力，就很容易有被人占便宜的危機。

「有人交代『你做這個！』之後就埋頭拚命做，日本人的個性就是會這樣忍耐。但到了外國，最好還是臉皮厚一點，要自我推銷比較好。現在在日本，到處都是號稱曾經去過法國的廚師吧？萬一有人問：『你在法國都做些什麼？』時，如果回答『只是去做苦工。』的話，完全沒有加分。難得出國，一定要在海外過得有意義才行！」

米其林一星、TripAdvisor里昂第一名 ——

新居剛

「能不能將缺點視為強項？」

Tsuyoshi Arai / 法國 Au 14 Février

1973年出生於日本山梨縣。專科學校畢業後，進入「La Rochelle」，師承坂井宏行主廚。經過十年的磨練，在2006年前往法國中部的聖瓦倫丁村（Saint Valentin）的「Au 14 Février」擔任主廚。之後又轉往南法的蒙頓，在「Mirazur」擔任副主廚。之後於2009年，在里昂開了自己的餐廳，2011年獲得米其林一星。

三十歲，語言還不通就當上了主廚

本書中介紹的多位主廚，幾乎都在二十五歲之前就出國了。但其中里昂一星級餐廳「Au 14 Février」的主廚新居剛，是在三十歲才到法國，或許可以算是遲來的人生挑戰。

從廚師學校畢業後，進入法國料理鐵人坂井宏行主廚的La Rochelle。工作進入第十年時，現在的搭檔邀請他，「要不要到法國來當主廚？」

「當時工作剛好也到一個階段，我覺得是個好機會。過去也曾經懵懵懂懂想過，說不定哪天可以到法國發展。法文呢，我只會點菜這類技術上的用詞，程度上完全還沒辦法正常對話。」

赴法發展的多數廚師，幾乎到了之後都得在當地餐廳經過一段時間的磨練，他卻是一去就當了主廚。而且那個地點是位於法國中心，一個人口只有三百多人的小鄉村聖瓦倫丁，可說是在毫無人脈之下的開始。

「一開始除了建築物本身之外什麼都沒有，要從裝潢開始。不論是挑選一件調理器具或是要討論家具，全都要用法文。我雖然上過語文學校，一開始也只能比手畫腳，列印出照片問人家『有沒有這種東西？』進貨時也是，打電話訂貨想買二十片鴨肉，結果來的是二十隻大型的全鴨，後來我乾脆特地花上超過一小時的時間自己直接上市場。也不知道是真的拚了命，還是到了這個地步只能撐下去的感覺。」

雖然不像在火場中會突然飆升的腎上腺素，但我認為人類的潛力總會在這種急迫的狀況下發揮。在外國，人能不能有出色的表現，就視能否激發出這股力量了。

很可能也有人在語言不通的這個階段，就認為「畢竟是行不通」而選擇放棄了吧。不過，在無處可逃卻也不放棄地正面對決，所花下的工夫將成自己的精神食糧。硬逼著自己訓練出來的成果，未來都是自己的資產。一年之後，自己的餐廳終於開幕。

「大概前半年幾乎都沒有顧客上門。畢竟村民只有三百個人，村子繞一圈就走完了。而且我們開的是高級餐廳，價位設定得比較高，這裡也不是過路客會來的地方。」

但他還是捺著性子，繼續認真做料理，等待著好口碑漸漸傳出去。吃過一次的人都會再回來光顧，或是有隔壁城鎮的顧客慕名而來，最後終於成為每天三十桌都滿座的熱門餐廳。

在這裡當了兩年主廚後，他換到了地中海沿岸的一個美麗城市——蒙頓的餐廳工作。原因是既然來到法國，希望多看看其他地方，另一方面，從東京到法國，他仍覺得自己的料理還有不足之處。

把不得不做的事情視為理所當然

在蒙頓的餐廳「Mirazur」經過一年左右的磨練，最後升到副主廚，之後他再次為了開自己的店轉往里昂。

看過幾個物件後，好不容易找到的是個只能容得下十幾桌，真的很小的餐廳。開幕時包括新居主廚在內，工作人員就只有三個人，有趣的是工作分配。一般餐廳多半會採主廚、副主廚以及外場人員的配置方式，但這家新餐廳卻是由新居主廚、外場人員，外加一位甜品師傅組成。

「料理，是整體的概念吧，我不希望在最後的一道甜品突然品質下滑。再雇另一位副手保證能讓廚房運作得更順暢，我也知道這樣自己比較輕鬆，但廚師做出來的甜點就跟其他餐廳沒兩樣了。料理方面我自己可以設法搞定，但我認為自己『缺的是這一塊』。」

考量到餐廳的整體品質，刻意選了自己會比較辛苦的作法。這也成了日後導向成功的策略。此外，他對餐廳的堅持不只這一點。

「不管是玻璃杯、餐具、裝潢，只要是顧客用的都是最高級品。因為餐廳小，一定得在進門瞬間就讓顧客感到特別。如果感覺太休閒，會跟料理之間有落差。相對地，廚房就真的沒什麼講究，烤箱，冰箱，大概都是一打開門就快掉下來的那種（笑）。」

他花了工夫思考過預算該投入在什麼地方。由於由少數人運作，裝潢請人設計，跟師傅溝通就自己來。既然已經決定開幕時間，又沒有人可以靠，「非做不可的意思，就是得靠這股意志」，憑著這一點，他克服一道道難關。這是一般人會覺得害怕的地方，而想必他逼迫自己的能力也很高。另外，在我問到「應該也有很多不懂的地方吧？」他的回答更讓我大吃一驚。

「其實說起來在法國就算過一般生活也不簡單呀。所以這方面該說算是已經麻痺了，或者反過來說，本來就什麼都不懂，理所當然就應該去學習。好比即使是換發簽證，就得自己跑一趟區公所，不然就沒辦法生活。」

這一點跟我平常居住在夏威夷時也很有同感。比方說，在日本，到了換發駕照的時期，就會收到一張提醒「近期應更新駕照」的信函通知。但是在外國，除非要求你要「付錢」，幾乎少有這類的提醒通知。一旦忘記，也有可能被警察抓走，也就是說，一切都要自行負責。

「想要跟在日本時用一樣的態度生活是不可能的，必須要配合這裡的文化才行。如果老想著我們是外國人，跟法國這個國家不合，那就沒戲唱了。在這裡，仍覺得法國不好的人，大概都是那種沒辦法改變想法的人吧。」

在夏威夷也是，有些抱怨「為什麼日本有這個，這裡沒有？」的人，最後就離開了。追根究柢，習慣凡事都有人打點好，這類人就不適合到外國。反過來說，對於能夠自主思考、行動的人來說，機會很多。我認為能將不得不做的事視為理所當然，也是在外國順利發展的一項關鍵。

以「不迎合」法國人，成為里昂第一名的餐廳

當然，他也不是凡事都迎合法國。尤其在最容易一不小心就試圖迎合的料理上，他反而不多考量法國人的喜好，這點很有意思。

「在味覺方面，我覺得日本人跟法國人多少還是不太一樣。不過，我並沒有特別想著配合法國人的喜好來做菜。認真說起來，我只是憑著自己對『好吃』的感覺。」

大概在二〇〇〇年左右，法國人開始追求低脂、健康飲食，也就是在對於飲食的喜好出現了轉變。使用蔬菜等食材，不使用複雜醬汁而走極簡路線的「Astrance」，在二〇〇七年獲得米其林三星，也驗證了這個現象。說不定現在根本不必再像過去那樣，刻意迎合法國人的口味了。當然，除了要有看出這股趨勢的眼界外，更重要的是如何打造出自己的料理。而且要了解只要端出夠水準的食物，就一定能讓顧客心滿意足。

「法國人對料理的感受非常強烈。無論是香氣、口感，每個項目都很感興趣，很多人會邊思考邊用餐，『這道菜好吃在哪裡？』在食材方面，『這是什麼？』也有很多人會主動詢問。」

二〇〇九年七月開幕的Au 14 Février，因為價位設定得比較高，最初半年並沒有什麼顧客上門。後來知名度提高的關鍵，就在前米其林總編造訪之後，在雜誌上給予極好的評價。在那之後顧客逐漸上門，開幕後一年半就獲得米其林一星。

「我跟合夥人當初就討論過『先撐個半年』，所以早有心理準備。心情上覺得，包括甜點、裝潢，如果光做這些還不行，那也沒辦法了。」

里昂向來有「美食之都」之稱，很多人可能認為當地也有不少獲得米其林星星的餐廳。其實，三星餐廳只有堪稱法國料理最高峰Paul Bocuse一間，包括一星餐廳在內總共大約十間。Au 14 Février能躋身其中當然很了不起，更令人驚訝的是「TripAdvisor」更將它選為在全里昂一千三百二十九間餐廳中的第一名（二〇一三年五月）。這證明了不僅料理，連服務都獲得極高的評價。

TripAdvisor是全球最大的旅遊資訊網站，內容包括觀光地區、都市、飯店、餐廳等口碑及評價。這個網站非常有名，經常出國的人幾乎無人不知。在這個網站上搜尋Au 14 Février，也有很多讚不絕口的留言，甚至有人說是「best meal of my life（這輩子最棒的一餐）」。

能不能將缺點視為強項？

「店內桌數少，加上又是日本人經營，我想這會不會反而是個賣點呢？獲得米其林的好評之後，現在這成了我們的強項吧。當然上門的顧客也對我們的料理感到滿意，我們也對自己很有信心，從來不認為料理是缺點。」

餐廳很小，而且只有日本人，實際上說起來只有自己一個人在做菜。照理說會變成缺點的地方，他都能當作賣點。凡事都有不同的角度，但能像這樣轉換想法，我認為就是成功的祕訣所在。光想著「人力不足所以運作不順利」很簡單，好比在一般工作上，「因為沒預算做不出成果」的道理一樣。但更重要的是，在沒有預算中思考要怎麼挑戰才能做出成果。不受到只有日本員工團隊經營的影響，聽說最近愈來愈多顧客誇讚「服務很好」。

「可能顧客也感受到親切的待客態度吧。這種感覺無論是外國人或日本人，我認為都是一樣的。當然，在語言上或許還有不足夠之外，但每一個接待的小動作，以及細心、體貼，這方面我們不會輸給其他餐廳。」

最初籌備時連語言也不通，只能比手畫腳，好不容易在里昂開了餐廳，全店只靠自己一個人做菜，前半年根本沒有顧客上門。任何人都會覺得這樣的環境很艱辛吧，他卻說「其實我沒有覺得很辛苦。」

「我的確深深感到文化差異的難處，只覺得不容易克服，但這跟辛苦又不太一樣。當然，語言上必須還要再多加強，考量到餐廳經營，應該要能參與更深入的談話。雇用員工也一樣。有時候氣得要命，想很大喊『你滾！』但要是他不幹了，就找不到人替代（笑）。而且在這裡隨便開除員工會吃官司的，當然該凶的時候還是會凶啦。」

在我採訪過程中，針對語言能力大家異口同聲，「先學會比較好。」另外，管理也是一門困難的學問，但也是不斷花心思慢慢克服。最厲害的是不以吃苦為苦，我認為這樣的感覺才是最重要的。

日本人會獲得好評的原因

「以前大家會覺得日本人做什麼法國菜，但現在顧客了解之後還是會光顧，而我們當被問到『是什麼料理』時，回答一定是『法國料理』。當然會有些日式風格在其中，但顧客多半也會告訴我們，『很棒的法國料理，很好吃。』」

如果在日本的壽司店看到一名外籍師傅，相信每個日本人都會好奇。不過，在法國料理的領域中這樣的觀念愈來愈淡了。其中一個原因也是日本人日漸活躍的關係。

「如果定位不明確，就會被指摘『這才不是法國料理！』有時也會聽到這樣的意見。法國人對料理的批評真的很直接，不像日本人無論面對什麼樣的食物一律都是『好好吃』。」

歐美人士的優點就是雖然認同多樣化，但認為不行的東西也會說得很清楚。不會嘴上說「好好吃」，結果回家之後上了Tabelog這類美食網站寫出極盡惡毒的評語。

雖然是有些嚴格的回應，但卻讓自己更容易進步，當顧客很乾脆地說出「這裡要改變比較好」，就知道該如何改善。從某個角度來看，或許是個工作起來順手的環境。另外，其他外國人受到認同的原因，就像San Pellegrino的「全球最佳餐廳排行榜」，現在已是個評論全球料理也理所當然的時代了。

「現在活躍於全球的主廚，他們的相關資料應該到處都看得到吧。所以接受的一方也逐漸改變了。比方說，最近我們餐廳也進入了里昂的料理協會。在過去，必須要有歷史，而且不會輕易讓外來的人加入吧。重點是日本人工作真的很拚、很認真。一方面比較的對象是法國人，但既然出國打拚，早就做好心理準備，也有一定的耐力。這也是獲得好評的理由吧。」

即使在里昂這樣歷史悠久的地方，日本人的特質也受到公認，據說很多人都找日本廚師。評價提升之後，機會也愈來愈多。

「來到這裡，就算說『好吧，拚了！』但要是沒具備一些技巧，結果只是沒多久就原形畢露了吧。無論在日本或在法國，如果自己沒有一點真本事，實在很難有所發展。至於是什麼本事，必須自己隨時去尋找，並且接受挑戰，了解自己確實具備。」

新居主廚認為，到外國工作必備的第一項要件就是語文能力。另外就是自認有信心的基本技巧，以及對待工作的堅持。打好這樣的基礎，才能在工作時充滿自信。另外，這次我採訪到的諸位主廚都這麼說，在外國如果被問到「這個你能做嗎？」就算還不會，也要回答「可以！」比較好。

「這一點可能也很重要。如果扭扭捏捏回答『不會做』，一定會被看輕。在外國工作，要勇於接受各種挑戰，隨時展現自我才可以。我自己在當學徒時，也是總說『沒問題，沒問題』，然後就硬著頭皮去做。這樣說倒也不是在唬人，而是若沒有一股凡事都辦得到的強烈意志，就會動不動就受挫。」

打造有別於其他餐廳的特色

訪談之中令我印象最深刻的一句話，就是「雖然是法國料理，也是法國的文化，但做得跟法國人一樣可不行」。換個說法，跟吉武廣樹主廚所說的「不在同一個舞台競爭」是同樣的道理。其他很多主廚也都提過，不要去想著要如何改善弱點，而是直接放棄，轉向增強強項，這樣更能有好的表現。

「我一開始聘請甜點師傅也是這樣的考量。會想挑戰其他人沒做過、其他人所沒有的事情。我認為致勝的機會可能就在這裡。我現在還是保持這種想法。好比甜點，我就跟里昂近郊生產巧克力的Philippe Bel進貨。」

Philippe Bel榮獲MOF（Meilleur Ouvrier de France，法國最佳工藝師）的頭銜，簡直就是法國的國寶。他的巧克力也是新居主廚在里昂街上散步時發現的，之後就直接交涉，讓餐廳裡也能使用。

「不管是肉鋪或魚鋪，大家多半會在同一個地方進貨吧？不過，我沒親眼看到就沒信心，所以都是直接去確認。這麼一來，彼此就有了交流，對方也會覺得這傢伙每個禮拜都會來，所以要先準備好他要的貨。」

他不只等著人家送貨來，而是親眼選擇自己認為「好」的東西。他沒多想「萬一被拒絕怎麼辦」的問題，只要有好的店，就會不顧一切嘗試交涉。我認為這也是在國外一決勝負必備的能力。

「麵包也是我去麵包店親自委託說『我們想做這種麵包』，然後請對方來我們餐廳用餐，經討論後才製作。這家麵包店本來不提供給餐廳，但後來還是答應了，『就幫你們做！』法國人一旦把你當自己人，就會對你很好。對方不但幫我們餐廳製做專用的小餐包，之後還提議『下次做心形的麵包』。」

他剛到法國時，因為語言不通，用電話講不清楚，只好親自上市場採購。這個缺點竟然不知不覺變成了強項，帶來強大的優勢。

最後，我請新居主廚介紹到外國工作的優點。他說，可以有思考的時間。法國有長假的制度，假日也很多。即使自己開店，跟在日本比起來似乎有更多時間。的確，在外國，就連工作環境極度嚴苛的醫師、護士，工作起來也能很從容。

被工作追趕之下，人會陷入停止思考的窘境，什麼都無法思考。而能善用自由的時間，就能思考，這也是把事情做得更好的泉源。

獲得「米其林指南法國版」一星 ——

伊地知雅

「要哭還是要飛？
想哭不如展翅高飛。」

Masashi Ijichi / 法國 La Cachette

1975年出生於日本鹿兒島縣阿久根市。曾在鹿兒島的飯店，以及東京下北澤的「Le Grand Comptoir」工作，於2000年赴法。經過兩年磨練後，進入「Maison Pic」，這裡的主廚安娜–蘇菲．皮克是睽違五十六年拿下米其林三星的女性主廚。2005年在隆河地區瓦倫斯市（Valence）開了自己的餐廳，並在2009年獲得米其林一星。

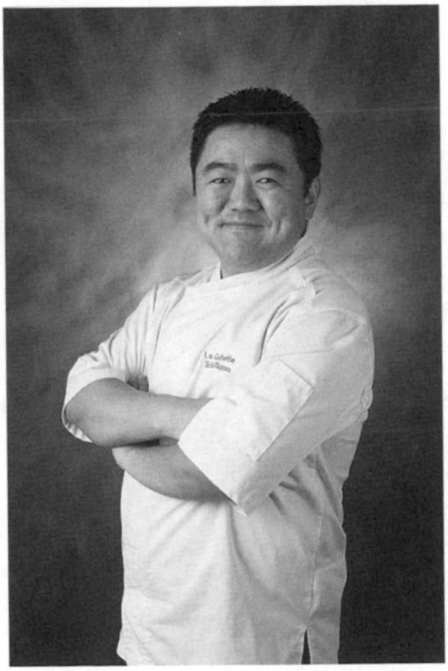

高中時期偶然聽到的演講，成為赴法契機

位於南法隆河地區一個叫瓦倫斯市的小地方，一家名為「La Cachette」的餐廳。這裡的老闆伊地知雅主廚，在高中時期立志成為廚師，而一切起源於偶然的機緣。當年在北海道洞爺湖高峰會中擔任總主廚的中村勝宏，同時也是第一位在法國獲得米其林一星的日本人，是同一所高中畢業的學長，有個機會回母校演講。

「中村主廚在全校師生面前激動地述說著他的學徒生涯，還有拿到米其林一星過程的辛苦，講著講著還哭了。我在餐廳打過工，對餐飲界很感興趣，但那時是我第一次真正想嘗試當一名廚師並且到法國看看。」

在家鄉鹿兒島的飯店工作了一年，無論如何都想到東京闖闖，於是在十八歲時前往東京。在目前已經歇業的下北澤「Le Grand Comptoir」工作五年，學習法國料理的基礎。

二〇〇〇年，在他二十五歲時，碰巧學長工作的餐廳願意發給他實習生的簽證（實習簽證），他便到了以出隆河葡萄酒知名的艾米塔吉（Hermitage）的一家小餐廳工作。

「我來之前連這裡是紅酒名產地都不知道（笑）。這間前一星主廚的餐廳，用的是濃醇醬汁，也就是走傳統法國菜路線。在這裡待了一年半，從前菜到肉類料理，每個工作我都經歷過。」

到外國之後，在什麼樣的地方工作具關鍵性。講到磨練、進修，很多人都希望能進入巴黎知名的星級餐廳工作，但他碰巧在一間鄉下餐廳，也有另一番優勢。廚房裡有四個人，外場有四個人，規模並不大的一家餐廳，因此可以在短期內累積各樣的經驗。當時最大的問題就是語言。

「聽起來很像藉口，但是在日本工作的時候根本忙到沒時間準備，心想『去了總有辦法解決』，所以根本沒先學。只買了法文教科書塞到行李箱，在飛機上才第一次把書打開。在當地完全被小鬼看扁，但是連回嘴也沒辦法，實在好嘔……」

經過在日本嚴格磨練打下的基礎，他有信心比那裡的法國人做出更好吃的料理。不過，語言不通。廚房中要他幫忙，他也不知道該做什麼，只能一而再再而三，請對方寫下來之後自己查字典。這道語言障礙之後也經常讓他飽受困擾。

遇見之後獲得三星的餐廳Maison Pic

工作了一年半之後，經過友人介紹轉到另一家一星餐廳，待了半年左右，跟從日本來的太太結婚。有一次兩人到一家餐廳，竟對這家店的料理大為感動。這家餐廳就是同樣在隆河地區瓦倫斯市的「Maison Pic」。這家知名餐廳的主廚就是睽違五十六年拿下米其林三星的女性主廚安娜－蘇菲．皮克。

「因為東西實在太好吃了，我當場直接表示『請馬上讓我在這裡工作』。對方當下說『等兩個星期回覆』，不過隔天就通知我『可以來工作了』。應該已經跟我之前工作的艾米塔吉，還有一星的那兩間餐廳確認過我的身分吧。」

在外國要聘用人員時，都會習慣向之前的工作地點確認一下履歷。也就是說，要是不好好工作，可能會換來「那傢伙根本不行」的評價，影響之後的發展。

當年Maison Pic還是二星，伊地知主廚已經有十年左右的經驗，照理說是很有實力的，但他卻從實習生開始做。

如果堅持非要某個職位，或是非要多少薪水，很多機會就抓不到了。重點應該在於就算要放棄過去的頭銜，也有值得嘗試的挑戰。在外國，願意從零開始只求能工作的強烈意志非常重要。他對自己有信心，只要展現成果一定能受到好評。果然，工作短短三個月，他就從實習生升上廚師。

「升上廚師當然很好，但劈頭就跟我說『這八個工作人員給你用』時，又一次考驗我很缺乏的語言能力。加上日本人一下子受到拔擢成為廚師，不僅招人嫉妒也受人欺負。總之，最初三個月真的很辛苦，我想也只能靠工作來博取信任了。每天我都留到很晚，比別人多做一倍的工作。」

以獲得三星為目標的餐廳，員工不只有法國人，還有義大利人、西班牙人、日本人，來自很多的國家。而且聚集在這裡的都是企圖心及素質很高的人。

後來這拿到三星，成為全球矚目的知名餐廳，擔任部門主廚的伊地知主廚逐漸在瓦倫斯市建立起人脈，周圍愈來愈多人鼓吹他自己開家餐廳，加上他也愛上了隆河的葡萄酒，於是決定在這裡開自家的餐廳。

「會端出狗肉來給我們吃嗎？」的反應

二〇〇五年，伊地知主廚在瓦倫斯市開了自己的餐廳「La Cachette」。當時帶給他激勵的是本書中介紹的松嶋啟介主廚。松嶋主廚早一步在二〇〇二年在尼斯開了餐廳。

「我離開Pic之後，到啟介那裡打工時，就感受到他的熱情，燃起了一股鬥志，也想嘗試開一家自己的店，挑戰一下。更重要的是在他的餐廳跟顧客的交流，還有整間店的氣氛都很棒。日本國內的景氣很差，或許有很多限制，但既然有機會就在法國試試看吧。」

松嶋主廚在二〇〇六年獲得米其林星，是最年輕就拿下米其林星的日本主廚。當年日本人就算在法國開餐廳，當然也不像現在這樣門庭若市。尤其瓦倫斯市又是個小地方，站在當地人的立場，實在無法想像會有日本人要在這裡開法國餐廳。

「從做菜到洗碗全都我自己包辦。採購工作告一段落後，我就挨家挨戶發廣告傳單。一開始大家都覺得『什麼？日本人要做法國料理？』甚至還有人說：『會端狗肉出來給我們吃嗎？』（笑）」

在成熟的觀光勝地巴黎，到日本人經營的餐廳，會發現除了當地人之外，一定還會有外國觀光客。不過，在瓦倫斯市除非是非常愛好隆河葡萄酒的人，否則沒什麼遊客。而且La Cachette的地點也稱不上太好。

「了解gastronomie這種高水準餐廳的人也不多，要讓顧客理解這類知識更不容易。所以我只要想著怎麼樣端出熱騰騰的美食就好。我們的客層到現在也是幾乎八成都是當地人，百分之十五來自近郊，然後有百分之五是外國來的顧客。」

要在幾乎都是當地人的來客中打拚，是件很不容易的事。開幕的頭兩到三個月非常辛苦，但半年後獲得當地報紙報導，生意終於漸漸好起來。

光聽他敍述這個過程，就能體會這是個門檻極高的挑戰。現在狀況穩定，上門的顧客愈來愈多，重新裝潢後店內也變得更漂亮了。

接下來，語文能力將形成差異

「我所有的語文都是在第一線學的。聽到沒聽過、不知道意思的字就寫下來，一到休息時間就立刻查。下班後也會每天對照字典跟教科書複習。」

採訪中他反覆提到在語言上吃到的苦頭。

本書中介紹的主廚，在事前準備充分下才出國的人大約有兩到三成。很多人雖說「料理上用到的話沒那麼多，勉強還能撐過」，但其實大家只是沒說，過程中一定也吃了不少苦。最好的證明就是沒有人會說不必學會語言也沒有關係。

學習語言的意義不僅是讓工作更順利，學習料理技巧而已。restaurant Quintessence的岸田周三主廚，以及松嶋啟介主廚都曾表示，主廚的想法還有在料理方面「學習哲學，了解前方的深奧」，這一點也很重要。

「我去採買一定都帶著字典，看到招牌上的單字就查，最初就從這樣開始。甚至還有過字典查不到就去問法國人，結果人家告訴我『那個是人家的名字啦』。（笑）」

建議接下來要出國的人，最好要先學會基本的語言。由於日本人在料理上的手藝已經普遍獲得高度的肯定，接下來跟別人的區隔就在語文能力了。

餐飲界的忙碌有目共睹，無論在日本或歐美都差不多。因為太忙而沒時間準備，到了外國很可能同樣也不會有空來學習。結果明明比其他人會做菜，卻得被只通語言的人來使喚……。

語言能通的話，說不定原本花五年做的事可以兩年就做完，不需要做白工，也能縮短時間。

去有日本人的地方就能吃到美食

日本人要怎麼樣才能在外國大展身手呢？除了練好語文之外，如果要給接下來赴海外打拚的人什麼建議，他說就是「信任」。

「以我自己的例子來說，我來到這種鄉下地方開店，要如何贏得當地人的信任非常重要。比方說，就連朋友要我做菜時，我也會很認真做出好吃的食物。面對各種機會，我都很珍惜。」

在採訪過程中我體會到，身為日本人，又表現出色的這幾位主廚，姿態都非常低。其中伊地知主廚更是待人親切有禮，言行舉止都很體貼。到海外發展，懂得主動表現自我固然重要，但這並不表示堅持自己的意見就可以目中無人。

「要贏得他人的信任，先要保持謙虛。腦袋不要食古不化，也不要動不動就以自我為中心。遇到關鍵時刻，有些人認為該說的話還是要說，不過我自己還是盡量保持低調。」

一開始法國人出現了「會不會端狗肉出來給我們吃？」的反應，但在這七、八年之中，狀況有了一百八十度大轉變。不但有了日本版的《米其林指南》，大眾普遍認知到日本人的強項，更重要的是在外國表現出色的多位日籍廚師的努力之下，展現了成果。

「不論是調味或香氣的比例、技巧，日本人在這種枝微末節上特別有品味。多年來法國人也逐漸了解到這類日本人做出的料理。現在已經建立起一種無形的信任，大家都認為只要到有日本人的地方就能吃到美食。」

「要哭還是要飛？想哭不如展翅高飛」

採訪尾聲，我請伊地知主廚對有意往海外發展的人說幾句話，他告訴我一句很有趣的話。這是他的家鄉鹿兒島的諺語，「要哭還是要飛？想哭不如展翅高飛」。

「這句話是說，與其怕得大哭，不如先鼓起勇氣往前衝。我其實是個愛哭鬼，從小就常聽爸媽跟我說這句話，所以隨時都記在腦子裡。」

當然，學習語文也一樣，必須做好事前準備。不過，面對能不能高飛抵達到夢想的那一端，與其猶豫不決地苦惱，不如用力先衝了再說。這真是一句振奮人心的好話。

目前有許多日籍廚師在外國大放異彩。大多數人都表現出色就意味著還在猶豫是否接受挑戰的人其實是有機會的。那個人做得有聲有色，我也想試試看，這樣的想法意義非凡。就像伊地知主廚當初受到松嶋主廚的激勵，決定也自己開店一樣，我希望未來想接棒的年輕人也都能受到這句諺語的鼓勵。

相信各位看到本章章名頁的照片就能了解，伊地知主廚看起來非常溫和親切，實際與他面對面談話後，更能感受到他十分謙虛，製作的料理也非常棒。

我再次體會到，在國外，而且不是在大都市而在鄉間如果要成名，不僅要具備料理上的技巧，還要有過人的個性及想法，也就是某種「發光發熱」的特質。

侯布雄的左右手，曾應邀上富士電視台「料理鐵人」節目——

須賀洋介

「換個想法，辛苦就不再辛苦了！」

Yosuke Suga / 法國 Groupe Joël Robuchon Corporate Executive

1976年出生於愛知縣。高中畢業後，以廚師為志，遠赴法國里昂的大學進修法文。歷經西洋銀座飯店等職場後，再度赴法，見到恩師侯布雄。2003年，開設「侯布雄法式餐廳　六本木之丘店」，以二十六歲年輕之姿當上行政主廚。目前重心移往東京，以夥伴身分與侯布雄合作。

才二十五歲即肩負開設六本木店的大任

被譽為「法國料理之神」、在全世界開設餐廳的喬爾·侯布雄（Joël Robuchon），相信正在閱讀本書的各位也久聞其名。而須賀洋介主廚正是侯布雄的得力門生，目前才三十多歲，即統籌指導侯布雄集團的所有料理，並在全世界奔走開設新餐廳。二〇一二年到二〇一三年之間，他在富士電視台的「料理鐵人」節目中，以法國料理鐵人之姿登場，這件事想必大家仍有印象。須賀主廚的老家是一間在名古屋頗負盛名的法式餐廳。他在高中時代便對自己的未來有所思考。

「我總覺得人生不該像電扶梯那種方式前進，也隱隱約約想去做別人沒在做的事。那時我心裡一直有個念頭，如果就這樣到國外去，我就能做到跟我同年齡的人做不到的事了。」

因為老家的關係，須賀主廚認識一些法國人，加上有位親戚與法國廚師結婚，種種因素使得他決定在高中畢業後，就到里昂的大學去進修法文。留學結束後回到日本，在西洋銀座飯店的法式餐廳、東京都內的法式餐廳等地方工作，後來因為腰部受傷而回到名古屋。一九九八年他再度赴法，認識了喬爾·侯布雄，就在侯布雄位於巴黎的研究室工作。

轉機於二〇〇二年到來，當時他二十五歲。侯布雄要在六本木之丘開設「侯布雄法式餐廳」

（L'atelier de Joël Robuchon），並將開店重任交給他。目前這家餐廳已經獲得米其林二星評價，特色為開放式廚房，由廚師在客人面前烹調、提供餐點，據說這是侯布雄從日本壽司店的吧檯得來的靈感。餐廳相當大，一共六十桌，由一位年僅二十五歲的年輕人負責，實在太厲害了。

「日本一向是論資排輩的吧。我的同事中不少人比我年長，對他們來說，等於是被比他們年輕的小伙子使喚。雖然大家嘴上都說不在意，都說他們是為了在侯布雄的餐廳工作才進來的，但還是有很多眉眉角角。要使他們聽命於你，不是說『能不能幫我做這個？』而是要以實力服人……」

外人不知道的是，他們每天都扭打成一片。而把工作全權交給這位從無主管經驗的年輕人，侯布雄倒是老神在在。我所採訪的這些名廚，每一位都有拍胸脯喊出「我來做」的膽識。當機會來臨時，如果退怯地說：「我才二十五歲，還不行！」機會便轉身溜走了。即便沒有把握，也絕對要有喊出「我來，沒問題！」這種膽識才行。

「我老家開餐廳這件事可能也有關係吧，我的想法非常老派。在飯店和在侯布雄的研究室工作時，我都認為從一大清早工作到三更半夜是理所當然的。拿食譜來說，也不是等著別人給你，而是要自己偷學；如果自己想做什麼，不是提早來上班，就是早點把工作完成後再做。我一直是這麼認為的。」

雖然是從嚴格的環境中磨練過來，但開設「侯布雄法式餐廳」還是一陣手忙腳亂。例如，菜單是開幕前一天才定案，然後當天的清晨五點左右才翻譯成日文，也完全沒有模擬過如何點餐等實際運作方式。早上七點開始就有人排隊。也就是說，須賀主廚是藉著六本木之丘店的開幕，才一邊學習如何經營一家餐廳的。

對大多數人而言，這些事情都是壓力，受不了而辭職是可想而知的。但他具有一種可以克服混沌的、某個意義上的「差不多」性格。事實上，處在今日瞬息萬變的時代，要凡事底定、確實模擬妥當、準備萬全才開店，幾乎是不可能。在這種狀況下，看你是因感到壓力而猛發牢騷，還是把事情確實完成，這點不論在海外或日本，都是能否成功的重要關鍵。

換個想法，辛苦就不再辛苦了

在六本木店待了三年後，須賀說他「又想到國外了」，於是接受侯布雄的提議，著手進行紐約店的開業工作。據他表示，這個工作和六本木店比較起來輕鬆太多了，但其實另有其他難題，就是美國的工會十分嚴格。如果像在日本這樣每天打架的話，立刻會被告，因此周遭的人都為他捏了把冷汗。訓練員工時，即便極力克制，忍不住發飆的情形還是在所難免。而且當時雖然會說法語，但英語並不流利。

「一把火上來時，管他的，就用文法亂七八糟的英語開罵了。還好，在美國，只要確實地把你的用意說出來，他們就會乖乖聽了。就這層意義上，我個人覺得在海外比在日本工作要容易多了。」

到不同的地方工作，就要掌握當地的習慣和狀況，採用不同的管理模式，這種身段柔軟的想法真的是了不起。很多人都是「老子就這麼幹」而不願遷就吧。當然，在日本國內也是人人想法互異，如果認定「最近的年輕人都是草食系的，沒用」，我想這種人到哪裡都施展不開吧。

你會認為「我英語不行，無法帶人」呢？或者即便英語亂七八糟，依然認為「美國人比較好帶」？或許最後終於能夠搞定的訣竅，就在於稍微改變一下想法吧。

「在巴黎和紐約都是，台灣也一樣，就算外語能力差，只要技藝和品格服人，就會贏得員工的尊敬，這點是日本沒有的。如果日本人被外國上司以彆腳的日語罵：『這個，不做不行喔！』應該會在心裡暗自嘲笑：『拜託，把日語練好一點再說！』在國外，或許由於各個種族的人都有，大家比較不會計較語言上的問題。總之，在歐美比較容易感受到大家對技藝的尊重，這是事實。」

成為不可或缺的人物，就能做得開心

「或許我無法滿足現狀吧，我總覺得我是為了改變自己的環境而到國外去的。原因我也搞不清楚，可能是在同一個地方待久會膩吧（笑）。」

我自己也是一年當中，半年在夏威夷，半年在日本和世界各地，因此很了解這種想改變環境、想挑戰新事物的心情。目前，喬爾．侯布雄每年仍持續在世界各國開設數家餐廳，而且規模愈來愈大，工作團隊以巴黎為據點在全世界奔走。侯布雄本身的工作與其說是廚師，不如說是餐廳。然而，須賀主廚除了與侯布雄同行、著手開店事務之外，也還在巴黎的「侯布雄法式餐廳」擔任主廚，真令人驚異。

「我比別人都更了解開店所必需的作業，也知道如何招聘員工。我會法語，又在紐約待過，所以也會英語。對侯布雄來說，我應該是張非常好用的『牌』。」

須賀主廚雖然謙稱自己是一張「牌」，但也說到：「他現在沒有我，會很傷腦筋吧。」可見對侯布雄來說，須賀已經是一位不可或缺的得力助手了。想到海外闖天下的話，沒有「成為不可或缺的人物」這種志氣，將無法出人頭地，也無法做得開心吧。

「看到侯布雄，就會覺得他這個人太強了。不管對方是中國人、日本人或美國人，不論在哪個國家，最後都是由他掌握主導權。總之，他在經營管理方面很有一套，我跟在他身邊可以學到很多事，很開心。」

到達這樣的位階了，還能樂在學習中，並且心懷感恩，這就是須賀主廚進步的原動力吧。

在頂尖團隊中，還想更上一層樓

據說在喬爾・侯布雄集團工作的人，「很多人都是為了得到侯布雄的肯定而來的。」因為侯布雄的地位宛如料理之神，能夠獲得他的肯定，就好比被列入棒球的紐約洋基隊、足球的皇家馬德里隊的先發名單一樣。從廚師的立場來看，爭取到侯布雄集團工作自是理所當然。

侯布雄集團有個很有意思的事，就是包括須賀主廚在內，必定是最高層的五人一起巡迴世界。這五人高層中，最上面是侯布雄，接下來是一位形同須賀主廚的兄長般，同時是侯布雄的得力助手、「分身」的艾瑞克，以及西點與服務部門的最高主管各一人。這五個人組成侯布雄核心小組。除了須賀以外，其他人都是五十多歲、已經工作二三十年的資深老將了，他們還待在一軍，在前線作戰，也算是很罕見的例子吧。

已經位居一軍中的一軍了，卻在思考「要這樣繼續下去嗎？」這又是須賀主廚的另一個過人之處了。據說，有一天他向侯布雄提出「我想半年留在日本自由地工作，剩下的半年再跟你一起全世界跑」。原因是一來他掛念心老家的餐廳，二來也想自己開始做點什麼。於是侯布雄說：「喔，那就照你的意思吧，去試試看也不錯。」兩人甚至談到薪資問題。

兩個月後，「你在日本，我實在不知道你在做什麼，你如果不能大部分時間待在巴黎的話……」侯布雄的態度開始改變了。

不願放人的侯布雄固然明智，但我對於須賀能夠提出這樣的要求感到吃驚。如果是一軍半的人，恐怕會被認為「已經不需要你了，要辭就辭吧」。一定有何原因讓侯布雄非留住他不可。

「位居侯布雄集團高層，已經沒辦法冒險了吧。這個集團很大，可以安安穩穩過一輩子，但我自己很想再多點自由，很想再隨心所欲到想去的地方，留在當地工作。」

已經到達一般人都想一直待下去、根本不會動辭職念頭的位階，卻還想冒險，須賀主廚就是具有這種挑戰精神以及更上一層樓的企圖，才會受到侯布雄如此器重吧。

提升自我品牌價值

「和侯布雄到世界各國去，一個禮拜後又轉往下個地方，我其實很喜歡這種工作模式，只不過這樣的模式也會變成常態性事務，所以我想趁自己的幹勁還沒消失前，開始新的工作。」

看到須賀主廚好像快膩了，就派他到東京、紐約、台灣……，如此每隔數年便轉往下一個地方去，侯布雄就是用這種方式在維持須賀的幹勁；就這樣留他留了十年，果然是用人高手。

本書所採訪的名廚們，沒有一個人在同一個地方工作超過十年。最長的就是小林圭主廚在「東京銀座香奈兒餐廳」（Beige Alain Ducasse Tokyo）七年、德吉洋二主廚在「Osteria Francescana」八年。大家幾乎都是因為想開店而離開工作數年的地方。

因此，我也認為須賀不例外，會想自己開店，成為自家料理王國的國王。結果我錯了。

「我不是以廚師的角度，我完全是用經營者的角度在思考。從我的觀點來看，我應該算是個經營者吧，反正我經常是以商人的身分在思考事情。我在巴黎的某家餐廳吃東西時，想的也都是這樣的東西在日本會不會流行。」

或許是受到有製作人細胞的侯布雄影響吧，須賀主廚雖然是在廚師家庭長大，卻不認為將來要一直守著一家店。他認為做會料理是會一種技能，但在這項技能上再加點什麼，說不定就能為自己創造出更好的工作來。

「我想用須賀洋介這個名字開店，創造自己的品牌；但又不想每天待在店裡，所以要交由別人來做，然後到海外去發展其他的事業。我對這樣的事情很感興趣。反正，我不想當侯布雄的須賀洋介，而是要以個人身分留下些什麼才好。」

聽到這番話，我認為須賀非常強烈地想提升自己的品牌價值。目前他雖然是一位廚師，但不認為這是唯一的出路，而且他很清楚自己適合走的路，也知道再勉強自己繼續做下去，事情會變得奇怪。在某種意義上，他是想利用廚師這個實績來發揮槓桿效果。這個想法，我覺得相當有意思。

「Château Cordeillan-Bages」獲得米其林二星的幕後推手 ——

石塚秀哉

「在海外獲得的並非技術，而是『人』的成長。」

Hideya Ishizuka／法國 Le Petit Verdot

1967年出生於北海道。二十歲入選為日本最佳二十位侍酒師，1995年赴波爾多釀酒大學留學。之後，經歷了數家餐廳，在波爾多的酒店「Château Cordeillan-Bages」擔任首席侍酒師，並為該酒店奪得米其林二星殊榮。2005年自行創業，目前除了法式小酒館「Petit Verdot」，也在巴黎經營數家店。

辛苦就快樂，安穩之路相對乏味

二十歲時，偶然在一次侍酒師競賽中發現自己的才能，這個人就是在巴黎開一家小酒館「Petit Verdot」的石塚秀哉侍酒師。話說「平松餐廳」（Restaurant Hiramatsu）是第一家日本人當老闆兼主廚而獲得米其林一星的餐廳，石塚秀哉就曾在這裡擔任首席侍酒師。

石塚侍酒師自大阪的廚師專科學校畢業後，便回到故鄉北海道，開始在餐廳當廚師。有一天，一位向來很照顧他的酒館老闆對他說：「這次你去試看看吧。」於是他去參加第五屆的法國葡萄酒大賽，代表北海道並進入決賽，最後雖然只拿下決賽的最後一名，但他愛上了品酒，便決定到法國去。

為此，他曾一度離開料理世界，到工廠工作、存錢，然後於一九九一年赴法，當年二十三歲。到法國後開始在布列塔尼的米其林二星餐廳工作，明明還不太會說法語，才工作四個月，就被指派去服務客人，因為那天不巧另一名法國人請假，店裡客滿共四十人，卻只有他一名侍酒師。

「我先查好字典，把『對不起，我才剛到法國而已，還不太會說法語，該怎麼辦才好？』死記下來，然後在老闆娘面前背出來，沒想到老闆娘回答：『沒問題的。』她說：『你說錯的話，我只要跟客人道歉一聲，他們會原諒的，所以沒問題。』」

好大膽的老闆娘啊！這種事竟然會發生，可見在國外多可怕（笑）。於是他拚命努力工作，後來有機會遇到波爾多酒壇教父尚．米歇爾．卡斯（Jean-Michel Cazes），才知道「Château Cordeillan-Bages」這家店。

「Château Cordeillan-Bages」是一家位於波爾多的酒店兼餐廳，如今已拿到米其林二星了，但當時才剛成立而已。剛好他正在尋找「沒有侍酒師的無星級餐廳」，它的條件完全符合。明明還不太會說法語，卻選擇必須站在第一線面對客人的職務。而且，他把該餐廳還沒有受到評價視為好事一樁，因為他想過去，讓餐廳變得更好。這種逆向思考真是了不起。或許很可怕，但唯有勇於冒險，才有更大的收穫。

「辛苦歸辛苦，說不定會很快樂。安全的路很無聊，我不喜歡。別人經常跟我說：『你在法國很辛苦吧？』其實我覺得在日本的公司也不輕鬆。雖然語言不通很痛苦，但在國外，除了這件事以外，有很多很開心的事。我並沒有大家想的那麼辛苦。」

在海外獲得的並非技術，而是「人」的成長

當時，Château Cordeillan-Bages餐廳的廚師人手不夠，石塚便一邊擔任侍酒師一邊進廚房幫忙，曾和主廚兩人搞定四、五十名客人。所幸，《高特米魯美食指南》（Gault-Millau）等媒體的評價很高，工作第七年，亦即一九九九年，終於榮獲米其林二星評價。

已經為餐廳做出貢獻了，他感到「如果不再接受新的挑戰，會沒有未來」。於是二〇〇一年，到「平松餐廳」在巴黎開設的分店擔任首席侍酒師，之後於二〇〇五年開了自己的餐廳「Petit Verdot」。

採訪過程中，我感到最有意思的是，石塚侍酒師說：「在海外工作學到的不是技術，而是身為一個『人』的成長。」他認為，日本人的技術已經達到頂尖，優秀的餐廳也很多，如果要學技術的話，某個意義上，在日本學就夠了。

「就算把法國的食材和做法都學會了，回到日本，日本的食材和加熱方法都不一樣，根本派不上用場。與其說學技術，我覺得在海外可以學到的是個人的成長。料理畢竟還是在展現做料理的人的個性。所以，人生有某段時期出國學習是有益無害的。」

我在學生時代曾到美國留學，經常有人問我：「出國留學對你有什麼幫助？」老實說，我覺得讀書學到的東西都不太有用，反而是和各國人士來往、溝通、不被常識制約的思考、邏輯思考、生存能力等等，才是千金難買到的有用資產。我這麼一說，他便深表同意。

「追求眼前的利益、金錢的話，就會變成那樣的人，所以，還是把心胸打開吧。在海外的經驗，到了四十歲、五十歲，應該就會變成人生的資產了。最近我深深感覺到。」

若要用一句話形容到這次採訪對石塚侍酒師的感覺，那就是：爽快。

他覺得自己平常不是個會緊張的人，但是比較喜歡一個人發呆，在社交場合並不很自在。剛到法國的時候，朋友找他去吃飯或過聖誕節，因為法語不流利，他都只是喝著飲料而已。真要和人交談時，由於那時候還沒有電子辭典，他都是把字典放在桌上，邊查邊聊天的。

「剛開始總覺得那種場合好恐怖，我幾乎是抱著上戰場的心情去的。該怎麼度過？那裡會有哪些人？該坐在哪裡好？旁邊要是有個狠角色就慘了。要跟人家聊什麼？聊政治和社會情勢？如果別人問我日本文化……都不知道該怎麼辦，總是好緊張。但其實可以從這些事情學到不少，不但會學到單字，也學到如何與人相處。」

他透過勉強自己參加社交活動，才慢慢懂得如何與法國人來往。有人到了海外，因為語言不通就避而不與當地人交流，其實，最好抱著從中學習的心態盡快融入當地社會，因為能不能跨出第一步，日後的發展將截然不同。

擔任米其林二星餐廳侍酒師 ——

佐藤克則

「不主動出擊的人，機會不會找上門！」

Katsunori Sato／法國 Shagri-La hotel PARIS L'ABeille

1970年出生於東京都。大學畢業後進入皇宮飯店工作。1999年停職，進入波爾多大學釀酒系就讀。2005年離開皇宮飯店，再度赴法。經歷位於維埃納的「La Pyramide」、巴黎麗池酒店的首席侍酒師。目前在巴黎香格里拉大酒店的米其林二星餐廳「L'Abeille」擔任侍酒師。

只要語言沒問題，日本人的服務可以行遍天下

「日本人的服務是全球頂尖的。細心、細膩、了解客人的需求等等。侍酒師和廚師都一樣，在日本一流飯店工作的人，不論是誰，只要語言沒問題，到哪裡都一定行得通。」

「雖然我不可能知道全世界的事……」以這句話開場的是巴黎香格里拉大酒店（Shangri-La Hotel, Paris）裡米其林二星餐廳「L'Abeille」的佐藤克則侍酒師。他在日本的飯店工作十年，到了歐洲，便把這十年學到的技能充分發揮。

他從高中時代就很想在飯店工作，於是上大學後到各家飯店打工，負責將飯菜擺上桌。有一天，他在某家飯店遇上一位資深侍酒師。這位侍酒師說：「我的夢想是和我女兒一起喝她出生那年份的葡萄酒。」從此，便十分嚮往侍酒師這項工作。

一九九五年大學畢業後，進入皇宮飯店（Palace Hotel）工作。大學畢業生一般都是當預備幹部，但他跟社長說：「我想當侍酒師。」社長也頗為訝異。之後，從打掃、客房、咖啡廳到宴會，在各個部門繞了一圈，終於等到侍酒師的缺，這時是一九九九年。然而，他想進一步學習葡萄酒知識，便申請停職前往法國。

他在法國上語言學校後，進入波爾多大學的釀酒系就讀，然後在卡波涅斯酒堡（Château

Carbonnieux）當實習生，每天採收葡萄、學習釀酒，並且邂逅了他的法國妻子。佐藤說：「她不但幫助我學法語，也讓我取得簽證，沒有她就不會有今天的我，我很感激她。」

之後，他從法國返回日本，沒多久就當上夢寐以求的侍酒師。不過，當時法國料理在日本正處於低迷時期，經常客人是寥寥無幾，因此他決定重返侍酒師的大本營，於二〇〇五年離開了皇宮飯店。

接著經歷位於里昂南方維埃納（Vienne）小城的米其林二星餐廳「La Pyramide」，於二〇〇八年到巴黎麗池酒店（Ritz Paris）出任首席侍酒師。

由於麗池酒店是巴黎最頂級的酒店，佐藤服務過總統、好萊塢明星等超級VIP。即便如此，他從未感到壓力，十足地樂在其中。他表示，這是因為在日本學得的經驗以及在語言下的工夫，全都派上了用場。

不主動出擊的人，機會不會找上門

「我沒什麼辛苦的工作經驗。我也分析過為什麼會這樣，可能因為我不把工作當作苦差事。這不算逃避現實吧，我只是覺得有時間想這些的話，不如把時間用來做別的事。」

以侍酒師為職志後，經過十年，繞了好大一圈，才終於在法國安身立命，這段歲月想必艱辛，但佐藤並沒有這種感覺。我採訪過這麼多位名廚和侍酒師，大家都不認為辛苦，可見，在學習、進步中的人，都有種特別的思考回路，不把辛苦當辛苦吧。

此外，在海外工作最重要的就是外語。尤其侍酒師跟廚師不同，必須到外場直接與客人溝通，外語不佳就應徵不上吧。佐藤也告訴我們學習外語的訣竅。

「語言要進步的訣竅，就是背下來以後要盡量用出來。舉例來說，在這裡的語言學校，日本人都是確定百分之一百二十正確後才會開口，但是，西班牙人和義大利人，就算沒被叫到也會不斷發言。說錯沒關係，反正開口就對了，這個最重要。」

從這個例子不難得知，多數日本人都很拘謹。佐藤斬釘截鐵地說：「尤其在法國，不主動的人很難有所作為。」他還說，因為自己是日本人，所以不太注意到日本人的缺點呢。

「日本人和法國人一起工作時，最常被說的就是『日本人做事都不休息』。日本人工作時會一直做一直做，做很久，中間都不懂得暫作休息。明明可以跑到外面去一下的，但就是一直做一直做。而日本人的優點是認真，會對別人表示尊敬。」

日本人正確、仔細又周到的做事態度，不僅在法國，在歐洲各國都深獲好評，甚至有老闆說：「沒有日本廚師，店就開不下去了。」日本人目前在海外就是這麼炙手可熱。既然技術及工作的正確性受到肯定，只要再將外語學好，本身再積極一點，相信會有更多日本人在世界的舞台上發光發熱。

「不主動出擊，機會是不會上門的。不論想做什麼，最重要的就是自己主動去找，光坐著等是不行的，坐著等伯樂上門，就跟中樂透一樣機率渺茫。因此，不論身在何處，都必須主動不斷露臉才行。」

米其林三星、「全球五十大餐廳」第三名的副主廚 ——

德吉洋二

「思考、思考、思考。」

Yoji Tokuyoshi／義大利 Osteria Francescana

1977年出生於鳥取縣。專科學校畢業後，在東京都內的餐廳學習，2005年前往義大利，在摩德納的「Osteria Francescana」餐廳工作，才一個月就升上副主廚。該餐廳當時已獲得米其林一星，在德吉的帶領下，2006年榮獲二星、2012年榮獲三星。2013年離職，目前正在籌備自己的餐廳。

一本雜誌改變了命運

Osteria Francescana餐廳被譽為義大利米其林三星餐廳中層級最高，也被美食評鑑雜誌《大紅蝦》（Gambero Rosso）評為最高的「三叉」等級，此外，還被「聖沛黎洛天然氣泡礦泉水」（Sanpellegrino）所主辦的「二〇一三年全球五十大餐廳」（World's 50 Best Restaurants）評選為第三名。德吉洋二主廚就在這家餐廳擔任副主廚，從發想菜單到實際製作一手包辦。

三兄弟中，他排行老二，老家經營藥局，因此哥哥和弟弟的志願都是當藥劑師。他也想讀藥學系，但因為不願繼承家業，就叛逆得沒去參加考試。有一天他看到電視節目「料理鐵人」，便決定走料理這條路，於是一邊打工，一邊在東京的廚師專科學校就讀。

之後，他在東京都內一家餐廳工作時，遇到一位廚師，開始對義大利產生興趣。

「我會剁肉，也會烹飪。這位廚師跟我說：『去義大利比較好。』我就動心了。但去得花錢，這位廚師讓我去住他朋友家裡，於是我就飛去義大利。當然，那時候我不但不會義大利語，英語也只會一點點，很慘呢。」

他在那裡暫時住了下來，並開始找工作，首先買了一本義大利的美食雜誌《大紅蝦》，打上面餐廳的電話。由於不會義大利語，都是那位友人幫忙打電話。「有個日本人要找工作，你們需不需要？」就這樣，約了四十家左右面試。

飛到完全陌生的國度，住在別人家裡，連電話都是別人代打。主廚這麼大剌剌的行為真是讓人想不到。

面試的結果，全被拒絕了，這是意料中事吧。住了十天左右，這下不得不打包回日本，友人送他到米蘭的車站，甚至因為德吉沒錢，連公車票都幫忙買。「還要再來喔！」「謝謝！」互相道別後，終於踏上回鄉的步伐時，在小賣店看到一本《L'Espresso》餐廳指南。這本雜誌改變了他的命運。

「我才想起來這本雜誌挺有名的，但都沒看過。那時候我全部的財產只剩下五十歐元，而那本雜誌我記得是三十歐元左右。還是發狠買下來了（笑）。如果那位朋友沒有幫我出公車錢的話，我一定不會買吧。」

雜誌上評分最高的是「Osteria Francescana」餐廳。他打電話過去尋問，對方說：「明天過來。」但他馬上放棄飛機票，趕往餐廳所在地摩德納（Modena）。才打完電話就立刻報到，對方也嚇了一大跳。

「主廚馬西莫罵我：『不是要你明天再來嗎？』我回答：『我不知道、我不知道！』後來他說：『那麼，去吃飯！』然後請我吃飯，好吃極了。他問我：『你會什麼？』我說：『全部都會！』『那麼明天過來。』這就是一開始的情形。」

讀到這裡，相信各位一定知道了，德吉主廚就是那種天不怕地不怕的人。當然，他一定很有自信，但能夠說出「全部都會！」還是太了不起了。果然謙虛是不對的，如果說「我只會……」在外國不但找不到好工作，也不會受到重用。

才一個月就當上副主廚

由於是半闖進餐廳找到工作的，當時德吉主廚當然沒有簽證，搞不好還會被要求無薪工作，沒想到他居然跟餐廳認真談起工作條件來。突然跑到義大利，被四十家餐廳拒絕，還敢跟碰巧錄用自己的店家交涉，這種人實在不多見吧。

「我說，我最少需要這麼多錢，也必須租房子，還要辦簽證。但是，如果你們能給我這些保障，我在這裡一天工作二十個小時、幾十個小時都可以，我已經有這樣的覺悟了。」

然後，對方說：「了解。」竟奇蹟似地全盤接受了。德吉當然想過有可能會被拒絕，但他還是決定把條件說出來。這種情形下，大部分的人只會提出權利，例如「給我簽證」、「給我這樣的薪水」，但最好再學學德吉主廚，補充一句「我會拚死工作」，一定會讓對方感受到你的「殺氣」。

「最初那三年，哪是在學習當廚師，根本就是在學求生術（笑）。現在我們廚房有十五個人，但是當時在同樣的地方才五個人而已。我每天就是拚死拚活地瘋狂工作。還好那時才二十多歲，很年輕，完全不覺得苦，反而很快樂。」

德吉主廚說，經過了八年，人數增加了，終於可以過正常的生活。果然，在做能讓自己進步成長的事情時，如果覺得痛苦、吃不消，就不是玩真的。旁人看來辛苦，你卻能樂在其中的話，就表示你的實力正在增強。

「現在也是一樣，每天都開心得不得了，在這裡工作的人都不會想回家。一旦到了三星等級，大家都是搶破頭進來工作的，所以不會抱怨。」

好愛好愛工作。義大利人說這樣的話就夠讓人吃驚了，沒想到還會不想回家！義大利的工會很強，一般都是週休二日，工時也有規定。那麼，是Osteria Francescana餐廳的薪水很高囉？答案是：最低薪資。即便如此，能夠在米其林三星餐廳工作是一種地位象徵，因此大家都是抱著學習精神在努力。

在如此水準高、實力強的環境中磨練，一定能確實感受到自己的能力增強、程度提升吧。良性的同儕壓力能促使自己更努力，提高幹勁。我相信不分國內外，選擇一處工作團隊都具有高度工作意識的地方工作，的確相當重要。

溝通從幽默感開始

驚奇不止於此。開始工作才一個月，他居然就當上副主廚了。當時，一起工作的還有一位日本人是副主廚，他是助手。結果這個日本副主廚在上班時間和人打架而離職，德吉的機會就來了。

主廚問德吉：「你一直都當他的助手，現在你來，行嗎？」答案可想而知。「行，我什麼都行！」「那麼，明天起升副主廚。」

這種時候，如何回答將改變日後的命運。回答「對我來說還太早了一點」，就是個連挑戰都禁不起的人；反之，抱持「總會有辦法」而回答「行，我什麼都行」的人，便能更上一層樓。這跟言出必行無關，而是這麼說具有督促自己的作用。

還不太會說義大利語就被指派擔任副主廚，這下不跟周遭的義大利人密切溝通不行了。為此，他上了三年語言學校。

「要說『把這個真空後冷凍起來』，或是說明料理的程序時，一開始真的很辛苦。還好，說的話都差不多，兩年後就沒什麼問題了。」

廚房中的事情變化不大，用到的話語也很有限。一如我在《槓桿英語學習術》（中經出版）中所言，只要將限定範圍內的東西徹底學好，其實學外語並沒有那麼難。

與人溝通，有一件事比語言更重要，德吉主廚很示，那就是幽默。

「只會一本正經說義大利語是不夠的，必須搞懂他們會為什麼事情笑、會被什麼事情逗樂，我覺得這樣才算真正能和他們溝通。要學會義大利人的梗、耍白痴、吐槽，最有用的就是喜劇片了。如果大家都笑了你卻沒笑，氣氛不就冷掉了嗎。」

德吉還說了一個在義大利要成功的祕訣，請我務必寫下來，那就是「交個當地女友」（笑）。交了女朋友後，便能理解言談中微妙的語意，語言就會更進步。

善用足球的比喻來管理

當上副主廚後，他經常到各式餐廳去看、去吃，也請人帶他參加料理學會，透過各種新體驗、新的人際往來，一天比一天更進步。而繼語言之後，下一個讓他費盡心思的，就是帶人。

「有經驗的人如果不直接帶頭做，就沒有人會跟著做。開發新菜單也一樣，我會先表明自己想做什麼，他們如果接受，我就每天帶他們做。我就是用這種方式帶出他們的幹勁，我要是偷懶，就沒人跟了。」

要讓工作團隊動起來的確很費事，但在Osteria Francescana，只要能做出美味料理，其餘的事都可以自由發揮。主廚馬西莫的態度就是完全讓人依照自己喜歡的方式去做。德吉主廚表示，同事如果不太理解他的意思時，他就會拿足球比喻來向他們說明。

「的確，身為副主廚的我應該拿最多分才對。從旁人的角度來看，前鋒或許是英雄，但在一個足球隊裡，有後衛，還有守門員。這些人如果不做好自己的工作，球賽絕對贏不了的。所以，你們如果不能把自己的工作都做好，我會很頭痛。我跟他們這麼說，他們全都『喔～』地理解了。」

能用足球來比喻料理，義大利果然是個足球國家啊。在日本，學習過程中拳打腳踢是很正常的事，在這種環境中養成下來，一旦爬到主管位置，往往也會反射性地動手動腳。但德吉主廚說他從未使用過暴力。

每個國家都有各自的管理方式、帶人方式。用當地人容易理解的比喻來說明，也是不錯的方法之一。

做出日本人才做得出來的義大利料理

德吉主廚表示，雖然他在日本學過義大利料理，但那是日本人的料理；為了做出讓義大利人也能接受的義大利料理，他特別買書來研究。一本是《義大利料理教科書》（柴田書店），是針對日本人而寫、介紹義大利各省的傳統料理；另一本是（Anna Gosett della Salda）安娜高賽提寫的《義大利鄉土料理全集》。他德吉全心鑽研這兩本書，把當地的料理都記熟了。

「一有不懂，我就一邊看書一邊試做，然後請在廚房工作的義大利人試吃。我覺得學到最多的方式就是，我問他們：『你們家都吃什樣的菜？』他們就會跟我說，昨天他媽媽做了什麼菜，他奶奶做的哪樣菜最好吃等等。我做過一大堆這類所謂的家常菜。」

德吉說，如果只是要做出和義大利人一模一樣的料理，待在義大利是沒有出路的。同樣的料理，當然是義大利人做的比較道地。要做就要好好研究當地料理，然後做出日本人獨創的義大利料理才行。

二十年前，感覺上是願意免費做白工的話，就讓你來做，而如今卻恰恰相反，日本人炙手可熱，理由如下。

「日本人特別有耐力，能夠一直專心做下去，而且願意忙到連最後的清潔打掃工作都不馬虎。我想這個部分最被人看重。這裡的人，忙個兩小時之後，就會開始聊天，沒辦法專心（笑）。我再怎麼說他們都沒用，只好讓他們休息一下。」

日本人受到信任的另一個理由是「忠誠」。李察．吉爾主演的好萊塢電影《忠犬小八》，據說看過的義大利人都對片中小八每天到車站迎接主人的情節驚訝不已。

「有一次，他們跟我說：『你不覺得日本人很像忠犬小八嗎？』或許是吧。雖然說到忠誠，感覺上就會出現明顯的上下關係，所以有點不太一樣。但是，日本人為了達成目標而同心協力的合作意識確實很強。對了，有些義大利人也很喜歡武士電影，他們說：『為什麼你們要為大人去死，要是我，絕對先溜了再說！』（笑）」

思考、思考、思考

在德吉主廚加入之前，Osteria Francescana餐廳是米其林一星，之後水準迅速提升，二〇〇六年榮獲二星，二〇一二年終於摘下三星最高榮譽。

對於擔任主廚的馬西莫．博圖拉（Massimo Bottura），德吉主廚的評語是：「總之，他的舌頭非常厲害。」德吉說，只要一嘗味道，他就完全知道裡面放了什麼，因此會明確地指示出加什麼會讓味道更好，或者要做何修改。

「馬西莫總是說：『Pensare! Pensare! Pensare!』。『pensare』是義大利語的『思考』。意思就是要你多多思考，寫下來，然後一讀再讀。如此重複幾次，就會產生不同的想法。我覺得他瘋狂得就像個精神科醫師，遇到問題總是打破沙鍋追究到底。不過，也確實是如此，一旦停止思考，就不會再進步了。」

馬西莫的信念是：「只要不放棄思考，絕對會成功。」他對德吉主廚說：「我們拿到三星，已經是義大利最頂尖的餐廳了，但你認為我們就到此為止了嗎？不是這樣吧。」他還說：「有些工作是追求商業利益上的成功，但也有些工作是為了理想抱負而做，如果能夠兼而得之是最棒的了。」

這已經不是一位廚師，而是一位哲學家了。馬西莫的料理技藝無與倫比，這點自不在話下，但光憑過人的廚藝就能達到今天的地位嗎？我想絕非如此。若無堅強的信念，不可能獲得好評，即便獲得好評，也不會持久。

「對馬西莫，不喜歡的事我就會說不喜歡，高興的時候，我也會說我高興極了。就算語言不通，有牢騷的時候，也要盡量把牢騷發出來。該怎麼說，如果把情緒藏起來，不就等於在欺騙自己。」

多數日本人碰到這種情形都會不知不覺隱藏情緒吧，畢竟是別人給我們工作的。但是在外國，最好把心態調整，如果隱藏情緒，對方就不知道我的感受了。德吉主廚也做了這種心態調整，後來，只要做出不高興的表情，馬西莫便會關心地尋問：「你有什麼不開心的事嗎？」兩人之間溝通得很好。

他就是在看到前任那位日本副主廚的狀況後，才改變想法的。在義大利待了五年，卻幾乎不會說義大利語，總是在廚房默默工作。結果積怨日深，有一天就忍不住發飆走人了。

「我不想跟他一樣，所以就有話直說。如果用義大利語說不出來，也可以用英語，把字典捧在手上也行。我對馬西莫有任何意見，一定寫在紙上交給他。這是我在國外工作學到的，只要事先準備好，所有事都能辦成，只要想表達，自然會找到方法。我每次把紙條交給他，他就會說：『怎麼了，怎麼了？又來了？』（笑）」

大多數人不會這麼積極，而會放棄溝通吧。曾經有一次，馬西莫發飆說：「你的抱怨太多了，為什麼你這麼愛對我抱怨？」兩人大吵一架。當時，德吉主廚回說：「我是因為很喜歡這家餐廳才說的！」他讓馬西莫知道，他不是單純抱怨，而是希望餐廳更好，對方便接受了。

不為錢，為想做的工作而做

「沒有什麼在外國絕對會成功的祕訣吧。我想每個人都一樣，只要順應自己，自然能做到自己真正想做的事。如果一味勉強自己迎合、改變，應該會失敗吧。」

德吉的初衷並非想到海外去，他之所以到義大利，是因為想在當地學習道地的義大利料理。「好不容易去了，絕不想隨便做做就好，而是打算徹底學會自己最喜歡的義大利料理，結果就這麼一路做下來，做了這麼久。」這段話說明，他的確順應自己，做到自己真正想做的事了。

明明為了學習料理而出國，結果到了國外，不知不覺變成以賺錢為目的的話，一定不會成功。

「賺不賺錢先擺一邊，首先要做自己喜歡做的事，如果做成了而且經營成一項事業，就可以說是成功了吧。反之，沒有理想，一開始就只想著賺錢，那是不行的。因為到了六十歲，賺到一堆錢了，你還是會覺得『我到底是在幹嘛啊！』」

據說有不少人在義大利的高檔餐廳當上副主廚後，就以為能爬到這樣的高位已經相當了不起了，於是提出「我要這樣的薪水」。德吉主廚表示他看過好幾個這樣的人，他們跟主廚大吵一架後就被炒魷魚了。

「我經常跟年輕人說：『不要以為你在這裡就很了不起。』你在這裡做什麼，才會決定你將來會不會了不起。所以，絕對不要有這種心態。」

決定人生的，不是你的工作地點或地位，而是你在那裡確實做了什麼。他告訴我們，要創造成功的要素，就得先從自己想做的事情做起；不要為了錢，要更重視經驗、能力，這些帶得走的人生資產。

「我的哥哥和弟弟都是藥劑師，都各有一家藥局，買了房子、買了車子，也結了婚、有小孩。和他們比起來，我沒有房子、沒有車子，也沒有結婚，什麼都沒有（笑）。如果我想像他們那樣的話，回老家工作就好了。但是，我能夠和馬西莫一起到世界各地看看，學習飲食方面的知識，可以看風景、看各式各樣的事物，這些東西都是財產吧。」

機運大家都有，關鍵在於能不能掌握

「我覺得自己相當幸運。來到義大利，進入這家餐廳是幸運的，剛好這又是一家能讓我照自己的意思去做的餐廳，這也是非常幸運。在這裡，只要是為了做出美味的料理，要怎麼做都行，要買什麼食材都可以，花多少錢都不會被念。總之，非常自由。」

當初，就在即將返回日本的前一刻，看到了Osteria Francescana餐廳的訊息，然後被錄用，又很快升上副主廚，帶領餐廳拿下米其林三星的榮耀。或許有人會認為「這傢伙多幸運啊」，不過，這是積極行動招來的好運。他做了一連串積極的努力，例如不會說外語，就拜託朋友幫忙打電話；不管別人問什麼，都回答「我行」。

運氣這東西是人人都有，關鍵在於運氣來了能不能把握。反過來說，如果什麼都不做，運氣也不會來吧。

「在餐廳工作很累，壓力也很大，但是，如果能找到讓自己安身立命之外，就會很快樂。」

德吉主廚這麼說。

最後，德吉主廚說的這段話，我希望即將就業的人、感到工作無聊的人、想到海外挑戰的年輕人，都能夠聽進去。

「因為忙，所以才快樂。正因為忙碌，會有很多不得不做的事，就能夠思考各種事情。如果你覺得不快樂，那是因為你把工作看成苦差事。像我，總是一邊工作一邊想著下一個連續假期要做什麼好（笑）。反正做就對了。就是這樣。」

榮獲義大利最具權威兩大媒體頒發年度最佳侍酒師大獎——

林基就

「勇敢選擇困難的路！」

Mototsugu Hayashi／義大利 Ristorante del Pescatore

1975年出生於愛知縣。2000年前往義大利，經歷義大利第一家米其林三星餐廳「Gualtiero Marchesi」，2007年起在「Dal Pescatore」餐廳擔任侍酒師，2013年離職。2010年與胞弟共同創立一家葡萄酒進口銷售公司「Vino Hayashi」，而離開「Dal Pescatore」後，便在義大利開起分公司「Vino Hayashi Italia」。

依照明確目標決定要走的路

「就像我們看到『LA BETTOLA da Ochiai』餐廳的落合務主廚他們那一輩，就嚮往義大利一樣，相信我們的下一代也在看我們。如果沒有人在知名的餐廳工作，恐怕接下來也不會有年輕人想去海外闖一闖。我一直抱持這樣的使命感，一路走來就快十五年了。」

說這段話的，是曾經在義大利保持米其林三星最長時間的「Dal Pescatore」餐廳擔任首席侍酒師的林基就。一如野茂英雄和中田英壽走出了美國職棒大聯盟和歐洲聯賽這條路，棒球和足球選手才能在海外活躍起來般，相信也會有人看見他活躍的身影，而想到海外從事侍酒師這一行吧。這麼一想，不禁覺得他正在做一份相當有價值的工作。

沒想到林基就竟是愛知工業大學這種理工學校畢業的。他會選擇以侍酒師為職志，原因之一是他在名古屋大須的電氣街打工時所發生的事。

「我在賣音響時，就覺得銷售工作很有趣，或許這就是改變我未來就業方向的第一步吧。其實我家裡開進口洋服店，我爸媽是道地的商人，所以我應該也有商人血統吧（笑）。」

能不能及早注意到自己的性向、適性問題，非常重要。因此，應該趁年輕時多打打工，創造可以接觸各行各業人士的「機會」。

而且，林基就在打工時期，遇見兩位人生中的重要人物。一位是大學時代開始打工的餐廳老闆。這位老闆曾在東京知名餐廳擔任服務生，林覺得他端菜和端蛋糕的樣子好帥，便對餐廳的服務工作產生興趣。第二位是堪稱林的「心靈導師」，也就是在「Restaurant Vitra 名古屋」擔任經理兼首席侍酒師的小谷悦郎。

「小谷先生和我一樣是名古屋人。一九九五年到一九九九年期間，他在義大利第一家榮獲米其林三星的Gualtiero Marchesi餐廳擔任首席侍酒師。那時候他利用連續假期回來日本，我剛好有機會遇到他。」

這次的不期而遇，讓林更堅定赴義大利的決心，一邊打工一邊上學，畢業後，為了存旅費，開始到名古屋的「向日葵」（Girasole）義式餐廳工作。他依循明確的目標決定道路，一路建立起金錢也換不到的連結關係。

「既然要去義大利，當然要到老闆是義大利人的餐廳工作。我在『向日葵』工作的時候，老闆尼可拉·瑪努利介紹他的朋友給我，小谷先生也介紹一位位叫馬凱吉的經理給我認識。」

絕不說「不想做這種工作」

二〇〇〇年四月，終於飛往米蘭。一個行李箱，完全不會義大利語，就這麼開始懵懂的旅程。

「一直到夏天，我都在語言學校努力學義大利語，還以找工作為藉口，到餐廳和酒吧吃吃喝喝。我自己畫地圖，把不錯的餐廳記下來。就這樣，我在米蘭街頭四處轉，找尋理想的工作地點。」

學習語言和葡萄酒知識是當然的，但能夠親自到各家餐廳去看看，這種調查、準備的工作也相當重要。後來，林在布雷拉美術館（Brera Pinacoteca）附近一家新開的酒商兼酒吧找到工作。他還告訴我們在海外找工作的要訣。

「必須比誰都更清楚認知到自己是一個外國人才可以。不要嫌工作時間長、不想做這不想做那，要抱持為工作效力的態度。這家店只有老闆和我兩個人，所以從布置酒窖，到處理訂貨、撰寫菜單等等，什麼都要做。能夠這樣讓對方知道你什麼都會做、願意做，絕對能找得到工作，而且在歐洲，這種人很快就會被接受。」

這點絕對不限於餐飲界。我說過很多次，學習期間一定要有「反正就是認真工作」的態度才行。有人年紀輕輕即要求工作與生活達致平衡，工作時間短，但那應該是另一個階段的事，也就是說，在不同階段，該做的事情不一樣。

工作一年後，他有機會到他憧憬的Gualtiero Marchesi餐廳吃飯。就在這時候，他把一份寫上「小谷先生介紹」的履歷表交給經理，兩個月後，就接到電話詢問要不要當實習生。

「進入Marchesi是我來義大利的最終目標，所以我真的心情很忐忑。我也想過是不是該先在一星或一般餐廳累積經驗後再前去，但既然對方打來了，只好去。現在回頭看，無論是在服務的工作上或是與同事相處上，我都覺得是因為在Marchesi學到許多寶貴經驗，才有今天的我。」

關鍵在於能不能樂在其中

在最頂級餐廳工作的人，都是工作意識相當高的人，而在如此高水準的地方與高水準的同事共事，更能提升自己。或許你會覺得有些勉強，但只要埋首努力，肯定獲益良多。

「我什麼都不會，都是別人在教我。但，我真的很喜歡去工作。就算工作時間很長，比我年紀小的人叫我做事，我都接受，因為這也是沒辦法的事。」

把學習階段當成「只是為了糊口飯吃」，或者當作「為了累積一生的資產」？能不能樂在工作中？之後的發展將大相逕庭。

儘管當時他的義大利語都還不太流利，他想的卻是自己能不能有所發揮，自己的優點為何。對於義大利葡萄酒的知識，的確懂得比其他同事少，不過；如果是法國、美國（加州）、澳洲等地的葡萄酒，他發現日本的資訊比義大利快，於是他想到利用這個優點來提升自己的優勢。

「我讀雜誌，也上網查。我本來就是喜歡葡萄酒才做這個工作的，所以有點像是興趣變成工作，完全不覺得苦。而我懂其他國家的葡萄酒，能跟別人聊葡萄酒後，就有點受到別人的尊敬了。」

隔年，也就是二〇〇二年，機會來了。就在連續假期結束後的二月到五月間，他的主管要為巴黎分店開幕飛去巴黎三個月，將留下他一個人擔任侍酒師工作。

「我現在可以說了，那時候真的是壓力大到不行。如果不提升自己的經驗值，就只有在那裡擔心害怕了，所以連續假期那些天，我就跟著之前在Marchesi工作，於一九九九年拿到國內冠軍的一位侍酒師拚命地學。有聚會的話要訂這樣的葡萄酒才行，不準備酒杯不行……，就像這樣，我連睡覺都在想著葡萄酒的事。」

進入Marchesi才四個月，就被賦予在日本會被認為「還太早」的重責大任，這是在歐洲工作的厲害之處。一定是主管看到他努力學習的身影，判斷這個人能夠勝任吧。主管回來時，他整個人像是繃緊的弦斷掉般，生了一場病，可見當時的壓力有多大。然而，被賦予重任、被逼著成長的經驗，也是最有效的訓練了。

他的努力被看見，還不到一年就拿到工作簽證，並且和Marchesi正式簽約，這在侍酒師這行是絕無僅有的例子。廚師只要廚藝佳就會被錄用，但侍酒師除了當然得具備葡萄酒的知識外，還必須要能與客人溝通，若非知識和語言皆具一定水準，是根本不可能的事。

一切經歷都將成為自己的資產

林基就在羅馬、米蘭的Marchesi分店工作後，到了二〇〇五年，就成為義大利名牌楚沙迪（TRUSSARDI）新開餐廳的首席侍酒師。這家餐廳的總經理是Marchesi的前主廚。他向餐廳這麼推薦林侍酒師：

「我工作這麼多年，從沒見過有人像他這樣懂得服務，而且服務得這麼好。一定要用他擔任我們餐廳的首席侍酒師，並請他開出葡萄酒名單。」

請一名外國人擔任首席侍酒師，這件事本身就太反常了。可見他的工作不僅獲得肯定，而且深受信賴。而他也回應這項期待，在開幕前三個月，挑戰開出六百種葡萄酒名單。

「為了開出連同行都會嚇一跳的葡萄酒名單，我自己跟酒商接洽，所有採購手續都自己來。說是六百種，其實一開始選了兩千種到兩千五百種之多。這段時間學到的東西，都已經成為無可取代的資產了。雖然非常辛苦，但非常非常充實。」

專心學習，知識自然愈來愈豐富。不過，關鍵絕不是用功就夠了，而是要把經驗變成自己的資產，然後為了累積資產而徹底努力下工夫。如此積累下來的人際關係和知識，絕對是千金難買。

還有一件很酷的事，但比葡萄酒名單容易懂多了，就是他打造了一間宛如展示屋般的摩登玻璃酒窖。這項備受媒體高度關注的創舉，也為「楚沙迪餐廳」（Trussardi alla Scala）贏得米其林二星殊榮。

「我在這個時候認識了許多編輯和記者。這是個很好的機會，不但讓他們知道做這件事的侍酒師是一位日本人，我也可以趁機向業界介紹我自己，雖然不是說『義大利有林這號人物』這麼誇張，但總是一個很棒的經驗。」

勇敢選擇困難的路

就在這個時候，他接受了Dal Pescatore餐廳的聘書。其實同一時期，日本也有人來邀請，但他認為「米其林三星餐廳來挖角，這種機會一生恐怕就這麼一次了，一定要往上爬」，於是欣然接受。想必回日本才更輕鬆，但即便如此，他還是決定挑戰至今無人做過的事。他勇敢選擇困難的路。

二〇〇七年三月他開始在Dal Pescatore餐廳工作，端酒給第一次服務的客人時，儘管認識對方依然緊張得手直發抖。他說：「不知道為什麼，應該是米其林三星這塊招牌吧。」肩負著三星的名氣，壓力可見一斑。話說回來，三星餐廳的侍酒師是日本人這件事，老闆和當地客人如何看待呢？

「如果到一家超有名的壽司店，結果壽司師傅是美國人，客人應該會嚇一大跳吧。但是，如果那個美國人比日本人還會做壽司，不就剛好是個絕佳的宣傳機會嗎？所以，只要我的義大利語夠好，服務得比義大利人更好，我想客人下次就會來喝我推薦的酒了。」

當然，剛開始也會被客人要求「叫老闆來」、「叫別的侍酒師來」。一般人的話，大概會抱怨「我是日本人，所以還是做不來的」、「那些傢伙什麼都不懂」。但是，他卻能夠樂在其中，這正是他的過人之處。在海外打拚，不能吃苦當吃補是不行的。

「如果程度和義大利人一樣，就輸定了，一定要更突出才行。雖然非常累，但為了出人頭地，我願意下更多工夫。我也非常感謝給我這個機會的老闆。」

他的堅持與講究之一，就是溫度控管。他在服務客人時，會用溫度計仔細測量葡萄酒的溫度。想當然，義大利侍酒師從來沒人這麼做，因此客人會說：「你好用心啊。」就像這樣，葡萄酒的知識自不必說，還以他細膩的服務與詳細的說明，慢慢贏得客人的信賴。

為每件事找到必須這麼做的理由

「我在Marchesi工作的時候，經常被問到：『為什麼要這麼做？』也經常被說：『要為自己做的每一個動作、每一項服務找到理由。』『每件事都應該有意義才對，沒找到意義就不要做。』能夠解釋為什麼非這麼做不可的人，才是專家。」

一個指令一個動作，不去思考，那是機器人。每個人都要自己去思考「為什麼要這麼做？」找出理由後再做，不但你的程度會提升，也會做得與眾不同，而這麼一來，工作也會變得更有趣。在日本也一樣，想讓工作變得有趣，就必須找到之所以這樣做的理由。

「要成為專家，就得自己主動。有這樣的心態，應該在哪個領域都行得通。我來義大利以後最大的改變，就是這個心態了。現在我的想法變成，不是『老師或主管叫你做你就做』，而是要能主動跟主管說：『我現在要做這個！』」

他能有如此的改變，是因為周遭同事都具有高度的熱忱與正確的心態。在受訪過程中，他多次提到「心態」的重要性，而我特別感興趣的是下面他說的這段話。他逆向思考，認為正因為在海外，傳統日本人的特色反而成為競爭利器。

「只要具有戰後高度成長時期的心態，應該在哪個國家都能混得不錯，我想，在海外尤其能吃得開吧。在日本說不定會被埋沒，但到了海外，有這種心態的人就會脫穎而出。該說是時代不同，大家重新看待武士精神了嗎？我覺得在今天禮儀比知識更重要。」

量會變成質

「把資金準備好」、「盡可能先把外語學好」、「派得上用場的門路全都用上」……問到能否給即將到海外的人一些忠告，林給了許多相當具體的意見。

「至少，要把ＮＨＫ的義大利語講座，初級、中級、高級，全都盡可能學會。因為開始工作就沒有自己的時間了，所以最好至少花兩個月左右，全心全意去上語言學校。先一口氣把語言學好來，以後才不會後悔，而且這段期間可以到各家餐廳去看、去吃。」

據說很多到義大利的年輕人都說「沒有錢不能四處逛餐廳」。因此，應該先把錢存好。

「為了建立人脈，在日本的時候，就可以到有義大利人的餐廳工作，或者去吃、去聊天，來到義大利以後也一樣。到義大利不去餐廳要去哪？去的話，會碰到像我這樣的日本人，而且我的話，還會幫你介紹人。只要上網查『Pescatore 林 侍酒師』，資料不就出來了。我是這樣覺得，只要來一趟Dal Pescatore，人生就會改變了（笑）。」

從前，要尋找在海外工作、活躍的人，非常不容易，如今有網際網路，非常方便，因此沒有不多加利用的道理。我在撰寫本書時，有些即是透過臉書聯繫而採訪的，也有是透過朋友介紹的。語言也好，四處去吃去逛也好，林侍酒師的說法讓我覺得「量會變成質」。他來義大利後，有五年時間都在猛喝葡萄酒。至於為何要喝這麼多，他說是「為了找到自己的『核心』」。

「在楚沙迪餐廳時，我把手邊的葡萄酒指南上面的資料全都讀遍了，才列出葡萄酒名單。白天工作結束後，我就一邊查書一邊做筆記，決定出最面面俱到的名單。我打進電腦裡的，其實一共有兩千種左右。那時候很喜歡做這些事，一點都不覺得累。我要把酒商那裡有的、我自己喜歡的葡萄酒的特性全都了解得一清二楚，如果客人想要哪個地方的哪種酒，我都能做出最佳建議。我就是抱著這個心態列出名單的。」

如果只是衝出數量，並沒有什麼意義，不過，不管是工作，葡萄酒知識，或語言，都是數量不夠多就做不好，而累積到一定的量以後，自然「量會變成質」，因此，在這之前，必須多做多學才行。

「一定會覺得壓力大、很累，但能不能在哼一聲『算什麼』後而繼續做下去，就是關鍵了。還有人會說：『我做三個月就要走了，隨便敷衍一下就好。』我奉勸大家最好別說這種話，餐飲界很小，話是一定會傳開的。」

與其問如何到海外工作，不如問想去做什麼

「比起問怎麼樣可以到海外工作，我想更重要的是你想到海外做什麼。以我來說，我有明確的目標，就是想學習義大利葡萄酒，所以在到義大利之前，我一直積極準備著。與

趣也好什麼都好，只要找出不得不到那裡學習的理由就行了。」

如今，想到海外的人愈來愈多，但如果沒有目標就出去，恐怕闖不出名堂。那麼，要在海外闖出名堂，需要具備什麼條件呢？

「認真工作，而且要做得比當地人更好。不管旁人多麼不看好，要有做給大家看的心態和行動力。就像有人說我們什麼，我們會想頂撞回去一樣。日本人給人的印象是認真、勤勞的，但如果只有這些，還是會被團體給埋沒。義大利人和日本人最大的差別在於領導能力，在義大利如果都不發言，就會被叫去做些雜七雜八的事。」

這些活躍於海外的人物都異口同聲表示，日本人最獲好評的部分是認真、勤勞、細膩以及謙恭有禮。不過，如果只有這些，很容易被當成打雜的，因此，領導能力和發言能力也很重要。

「想說的話不說清楚，義大利人就會用自己的方式來解釋。他們很會逢迎拍馬，如果被灌迷湯就慘了。在海外，不可能像在日本那樣，大家使個眼神就有默契，所以工作中有任何意見，都要清楚表達出來，久而久之，大家才能一起分工合作。」

要領導別人，自然要有令人尊敬的工作表現。要站在人前帶領眾人，就要讓眾人先肯定你。

「他們向來都認為自己是最棒的。有時候真想問：『他們哪來這種自信啊？』但反過來說，有時也會覺得現在的日本人要是有點這種自信就好了。在這裡，有自信是很正常的事，但其實那些人哪有什麼厲害啊（笑）。」

正在海外打拚的人，大家都是一古腦兒投入一般人覺得困難而做不來的事，他們不會說「我做不來」而放棄，而是先做了再說。努力奮鬥不懈，便會精誠所至，金石為開；如果認為做不來而打退堂鼓，永遠不會進步。最後，我問道：「你之前不覺得日本人在海外擔任侍酒師是不可能的嗎？」

「我完全不這麼想。反而，我一直想要超越我身邊那些一流的侍酒師。沒有小谷先生，就沒有今天的我，所以，我也要成為下一個世代的目標，把棒子交給他們。在義大利也一樣，如果不往高處爬、超越義大利人，下個世代就不會繼續走我們這條路。因此，我也希望下一代把我當成墊腳石，希望我的作為能夠激勵他們。」

第二位獲得「米其林指南義大利版」一星的日本人——

能田耕太郎

「想一展身手需要的是『強項與願景』。」

Kotaro Noda／義大利 Magnolia Restaruant

1974年出生於愛媛縣。大學畢業後在神戶的「Gualtiero Marchesi」餐廳學習，1999年前往義大利。經歷數家餐廳後，2004年成為位於維泰博的「Enoteca La Torre」餐廳主廚，該餐廳於2010年榮獲米其林一星榮譽。之後經歷位於羅馬的「Magnolia」餐廳。目前正為下一個計畫再度進修中。

起步比其他人晚了幾年

能田耕太郎主廚曾經在義大利上過料理節目，在當地小有名氣。他是羅馬「維亞河威尼托卓美亞大飯店」（Jumeirah Grand Hotel Via Veneto）的「Magnolia」餐廳主廚，於大學時期開始接觸料理，在日本料理店打工，直到二十二歲才正式學習義大利料理。

能田於一九九六年進入神戶的義式餐廳「Gualtiero Marchesi」。「Gualtiero Marchesi」是義大利第一家榮獲米其林三星殊榮而廣為人知的頂級餐廳，它在義大利的總店，就是本書登場人物林基就侍酒師工作過的餐廳。當時它在日本也有設立分店，只是這家分店目前歇業了。

看到本書登場主廚們的經歷，就知道進入餐飲界的人多半是專科學校出身。能田雖然有很多餐廳打工經驗，但由於他是大學畢業，算是起步比別人晚了兩到三年。

「我身邊的同事都比我小，而我也不是什麼都會，當然有時候就會被小我幾歲的『前輩』叫去打雜了，但我一點都不在意，因為我有自己的目標，我看的是未來。」

才開始學習料理，能田這時候已經有拿下米其林星級這個明確目標了。當時，日本尚未出版《米其林指南》，要摘星的話就得到海外發展。

在「Gualtiero Marchesi」工作，算是為他的義大利行推了一把勁。當時在這家餐廳擔任主廚的是恩里科・克里帕（Enrico Crippa）。後來，克里帕在義大利一處叫做阿爾巴（Alba）的小城開了一家「Piazza Duomo」餐廳，並榮獲米其林三星。能田在日本工作時得以向這位外國一流主廚學習，而且到義大利工作，這條人脈便派上用場了。

至少需具備一項優異的技巧

一九九九年，能田二十四歲時前往義大利。當時他幾乎不會義大利語，連在海外工作需要簽證這種事都不知道。我在這裡說過很多次了，簽證的取得直到二〇〇五年左右才比較容易，當時還相當困難。但是，能田才開始工作半年就取得簽證了。

詢問如此迅速的原因，能田回答：「比同事更早上班。」由於大家都很認真工作，就得在其他方面創造過人之處。因此，只要有人提早上班，能田就會比更早到，藉此表現自己。

另一個原因，是能田在學生時代打工所習得的技術。由於在日本料理店工作，經常操刀，他比別人更會處理魚類。只要有一項比別人更強的技術在身，在海外就有大顯身手的機會而受到重用。這就是最佳實例。

在義大利工作五年左右，二〇〇四年能田成為位於羅馬北部維泰博（Viterbo）的「Enoteca La Torre」餐廳的主廚。

隔年，Enoteca La Torre餐廳榮獲義大利美食評鑑雜誌《大紅蝦》的「正式餐廳」（Ristoranti d'Italia）項目中的「二叉」。《大紅蝦》相當於義大利版的《米其林指南》，評分等級的叉數則相當於米其林的星數，換句話說，Enoteca La Torre餐廳獲得的評價僅次於最高的三叉了。

二〇一〇年，也就是能田擔任主廚的第六年，Enoteca La Torre餐廳終於摘下米其林一星，於是能田成為繼堀江純一郎之後，在義大利摘星的第二位主廚。

和歐洲其他國家一樣，摘星的一流主廚在義大利也被奉為明星，倍受尊崇。在進修中的廚師眼裡，他們就是一群高高在上的人，說是神也不為過。所以看見這樣的大明星，和他們一起工作，總是會戰戰兢兢。

「我向來都不願把一流的主廚當成是『高高在上的神』。如果你這麼看他們，就不能和他們站在同樣立場了。不論再怎麼偉大，都一樣是人啊。再說，拿到一星之前，我自己想都沒想到我真有那份能耐。」

想一展身手需要的是「強項與願景」

「義大利這塊土地上有好多很棒的食材。對廚師來說，廚藝當然重要，但也要具備能夠判斷出好食材的能力。」

我想問能田主廚的是關於帶人的方法。義大利人給人的印象總是隨隨便便、馬馬虎虎，要怎麼讓他們動起來呢？能田主廚的祕訣是「把自己的熱情秀出來」。果然，拉丁人很重視熱情吧。能田表示，自己先以身作則，義大利人就會跟上來。

受到一週法定工時三十五小時的影響，法國廚師水準下降這件事，本書介紹的廚師多有所感。而和法國比較起來，義大利獲得米其林星級的餐廳少之又少，應該也會有水準下降的傾向吧？

但是，他的回答出乎我意料。他表示，正因為星級餐廳的數量不多，反而在星級餐廳工作的廚師都是具有高度熱忱的人，整體來說水準很高。

「不過，要讓義大利人專心，可就傷透腦筋了，而且他們每天的心情都不一樣，情緒時高時低，有時候可以做到十分，有時候卻只能做到三分。這一點，日本人的平均分數比較高，也比較不會有波動。我覺得日本人的水準相當高。」

果然在義大利也一樣，大家對日本廚師的評價都很高，環境也很適合日本人發展。對於今後想到義大利來的人，能田給了以下建議：

「首先，要有自己的武器。像我這樣會處理魚類，或者會什麼都好，總之要培養出一項比別人強的優勢。至於要去工作的餐廳，就看你將來想成為什麼、想要做什麼，依循自己的願景去選擇就行了。」

大家都不約而同表示，日本人正確的技術與仔細、周到的工作表現深獲好評。因此，若再有令你脫穎而出的強項在身，你便具備活躍於海外的首要條件了。會殺魚也好，會外語也好，就算只是擁有人脈，都算是一項競爭武器吧。

能田早就決定將來要往海外發展，於是大學畢業時，就以此目標來選擇工作場所。正因為有了明確的目標，他選擇在日本最頂尖的義式餐廳工作，且拜此之賜，幸運地遇見目前在義大利最受注目的主廚之一恩里科．克里帕（Enrico Crippa）。

要仔細描繪出將來的願景後再選擇工作場所，或者只要有工作就好，兩者終將南轅北轍。就算工作時間相同，學到的技能也不一樣，而且在人際上面的收穫也會有極大的落差。

應該想清楚將來要做什麼，然後逆推回來，看看現在應該待在什麼樣的地方工作。而且不限於廚師，對商業人士來說，這點也相當重要。

首位在西班牙獲得米其林一星的日本人 ——

松久秀樹

「保持自我的『雜質』，順其自然。」

Hideki Matsuhisa／西班牙 koy shunka

1972年出生於愛知縣。幼年即在父親經營的壽司店幫忙，十九歲起在東京工作。1997年到西班牙留學，然後在巴塞隆納的日本料理店工作。2001年在和食餐廳「旬香」、2008年開設走創意風格的二號店「koy shunka」。2012年，以日本第一人之姿，在西班牙榮獲米其林一星殊榮。

原價的六成！打造一家融入當地的餐廳

松久秀樹主廚以巴塞隆納的和食餐廳「Koy Shunka」（戀旬香）老闆身分，於二〇一二年成為第一位在西班牙摘下米其林一星的日本人。他二十四歲到馬拉加留學，就此展開西班牙生活。由於他的姊姊也剛好住在西班牙，他說：「與其說是想到國外，不如說是隨波逐流，就這麼跟來了。」

老家在愛知縣經營一家壽司店，他十五歲就在學習當廚師。到西班牙的隔年，開始在巴塞隆納的日本料理店工作，三年後，二〇〇一年六月，松久與妻子、姊姊、姊夫合開一家家族經營式的餐廳，也就是一號店「旬香」。

「那個時候，日本人開餐廳還不太能被當地人接受，所以我想開的是能融入當地的店，這麼一來，就不能用便宜的價格賣便宜的東西，而是要用便宜的價格賣出好東西，例如我進貨是一千百圓，賣出去是一千一圓（笑）。反正，我就是想看到客人滿意的表情，想讓客人開心，就這麼一路做下來。」

一般而言，餐廳食材的進價大約是售價的二到三成，但「旬香」有時候還高達六成。尤其這是一家開在巴塞隆納的和食餐廳，採購進來的都是高級品，進價約為一般的兩倍，因此提供的都是優質餐點。久而久之，餐廳頗受好評，於是在二〇〇八年十月開設二號店「Koy Shunka」。

不過，開店之時碰上雷曼風暴。從事金融、不動產、土木業的主要客群完全不見了。此後三年半，若是無一號店「旬香」支撐，恐怕會面臨破產。

眼睛跟嘴巴一樣也會說話

一號店「旬香」是純粹的和食餐廳，「Koy Shunka」則偏向創意風格。他很有企圖心，他知道松嶋啟介當年是法國榮獲米其林一星的最年輕主廚，於是找來曾在松嶋的餐廳工作過的廚師來幫忙，不久，即以「拿到米其林星級」為目標，正式展開挑戰。果然，身邊是怎樣的人，永遠都是重要關鍵。

當時在西班牙還沒有日本人拿到米其林星，因此一般人會認為不太可能。「再怎麼努力也沒用吧」、「只有一小撮人能夠摘星吧」，如果和這種態度的人共事就不可能實現願望了。

「眼睛就跟嘴巴一樣會說話。大家是不是工作得很愉快，客人一定會知道，所以我很重視餐廳的氣氛。工作愉快的話，時間也過得快，理所當然也會端出美味的料理。」

語言不通、客人不來……，置身於這種狀況下，往往不知不覺就擺出臭臉。因此，松久總是十分留心，無論狀況再糟，都會把餐廳和同事之間的氣氛經營得很愉快。工作到很晚時，是用加班的心情在熬，或是依然樂在其中？心情會瞬間改變工作氣氛。為了維持員工的工作熱忱，他做了一件大事。

「畢竟餐廳是團隊合作的，我必須讓員工有幹勁才行。『Koy Shunka』開店時，我就決定退出『旬香』，於是挑了一位負責人，把店的三分之一權利讓給他，交由他去經營。」

不過，松久主廚可不是隨便找個人來，就把店交出去，而是找到一位認定「就是他」的人，然後把權利和利益都讓渡給他。能夠做到這個程度，讓人覺得自有他的成功之道。

而就在餐廳開張卻無人上門、閒得發慌之際，發生了一件事。有人提起要不要在巴塞隆納足球俱樂部贊助商、當地人氣啤酒「金星啤酒」（Estrella Damm）電視廣告中演出。

「因為巴塞隆納最強的選手塞斯克．法布雷加斯很喜歡日本料理，他們就來邀請我。十月拍廣告，十一月就獲得米其林一星了。隔年的二月，廣告開始播出，客人慢慢增加，餐廳於是上了軌道。」

語文，不是從文法開始學

「不會說外語，就沒辦法和當地人交流，那麼住在那裡就沒意思了。有話說不出來會很嘔呢。」

松久主廚年輕時就到西班牙留學，西班牙語說得還可以，也很喜歡說話。由於餐廳客人多半是當地人，他想和他們交流，便在語言學習上下了不少工夫。

「重點就是，不要從文法開始學。我們小時候是怎麼學說話的？剛開始，不就是學爸媽說的單字、模仿經常聽到的片語嗎？所以，我是從記下大家經常說的話學起。然後，我想在吵架時也有辦法頂回去，所以也記了不少吵架用語。」

松久主廚表示，當初他的聽力一直沒什麼進步，就採取和朋友一起吃吃喝喝、重覆觀看電視或電影的方式來加強。此外，和料理有關的西班牙語自然不必說，從當地人愛開的玩笑，到有點黃色的話，他都應有盡有地學。總之，就是從自己生活中派得上用場的話學起。

別忘了自己是日本人，不做取巧的事

「Panasonic、Sony，或者是汽車廠商所創造出來的品牌形象，影響也很大。不是廉價、品質差，而是性能好、令人放心。這些都讓他們對日本人產生信賴感。」

在西班牙日本人頗受好評的優勢是「信賴感」。他的觀點和很多名廚一樣，認為忠誠度高、不背叛人，都是日本人的優勢。當然，不是每一個人都這樣，但在海外，的確有不少騙子。

「在歐洲，沒有拆穿謊言的能力是沒辦法生存的。大家心裡都有個底，就是看誰在說謊，然後不要被騙了。日本是個誠實的國家，這也是日本人贏得信賴的最大原因吧。」

我曾在外資企業工作過，因此很清楚。在海外，明明事情做到一半，突然有人丟了句「因為聖誕節」便回家去了。這類事情時有所聞。在日本的話，今日事今日畢是理所當然的。我們認為再普通不過的行為，都會為我們贏得信賴感，因此宜多加利用此項優勢。

「還有一點很重要，不要忘記自己是日本人。不要碰到對自己不利的狀況時，就當西班牙人；碰到對自己有利的狀況時，就當日本人。這麼狡猾的人，在海外是混不出名堂的。」

往輕鬆、於己有利的條件靠攏，是人之常情。西班牙的法定工作時間是一週四十小時，據說有人想要工時和當地人一樣，但是拿日本的薪水。正因為待在海外，更不能忘記日本人給外國人的感覺。要在海外發展，切記這點。

保持自我的「雜質」，順其自然

「在日本，你只是為數眾多的日本人之一，但在海外，別人看的是『你這一個日本人』，雖然很辛苦，但是值得，也有好處。況且，在外國人眼裡，日本是個非常棒的國家。」

最後，松久跟我們說了兩個在海外工作時要注意的事情。第一個是，要有自我風格。說到風格強烈，或許大家會持負面印象，但在海外，如果和別人一樣就不可能脱穎而出了。第二個是，要做自己。

「故意耍帥的人，別人看來反而不帥吧？故意要把自己搞得很帥，往往反而帥不起來。所以說，要做自己。」

我在二〇一三年到「Koy Shunka」採訪時，店內滿滿幾乎全是西班牙人。西班牙正苦於經濟蕭條、失業率高居不下，但好好經營，客人還是會自動上門的。

我在海外吃日本料理時，有些餐廳的評價很高，但其實一點都不好吃，令人失望，而「Koy Shunka」被譽為「歐洲最美味的日本料理店」，果然名不虛傳。

「Koy Shunka」當然是使用西班牙的食材，但沒有勉強去配合當地，我想，他們現在一定還是採用進價相當高的食材吧，總之，讓人覺得「貨真價實」。

「不『校長兼撞鐘』不行啊，誰叫我有廚師兼老闆這個雙重身分。」

偏「職人」氣質的廚師，往往會固執地認為只要廚藝精湛就行了，但是，老闆兼主廚的話，除了廚藝，也必須關心財務，又因為要帶人，人際關係也相當重要。一如松久主廚受訪時所說的那樣，「Koy Shunka」的人員都工作得很愉快，客人也吃得很開心，那光景令人印象深刻。

法式料理唯一榮獲米其林三星的日籍老闆兼主廚——

岸田周三

「『沒人這麼做，所以不要做』這個想法錯了。」

Shuzo Kishida／日本 restaurant Quintessence

1974年出生於愛知縣。經歷志摩觀光飯店「La Mer Classic」、「KM」餐廳，2000年前往法國。在法國各地工作後，2003年到巴黎的「Astrance」餐廳，隔年出任副主廚。回國後，2006年開設「Quintessence」餐廳，並於2007年榮獲米其林三星殊榮。2011年起成為老闆兼主廚。

先付諸行動再說

目前，在日本獲得米其林三星的餐廳一共有二十八家（《米其林指南東京、橫濱、湘南二〇一四》、《米其林指南關西二〇一四》），其中法式餐廳只有兩家，一家是已經搬到東京品川區御殿山的「Quintessence」餐廳，另一家是有「法式料理之神」美譽的「喬爾・侯布雄」，因此，以日本老闆兼主廚身分，在法式料理領域唯一獲選米其林三星的，就是Quintessence的岸田周三主廚。

岸田主廚自愛知縣的專科學校畢業後，開始在三重縣「賢島」這個小島上的志摩觀光飯店工作。工作之餘，他自己找書研究，幾乎以自學的方式重新學習法式料理。

因為想學更多、想把基礎重新打好，岸田利用休假期間到東京的餐廳到處吃，然後發現了銀座的「KM」餐廳。據說用完餐回家的路上，他就向餐廳表達工作之意。

「當時被以沒有空缺拒絕。但回來以後，他們打好幾次電話來，說馬上就要有空缺了，要我過去。掛掉電話後，我立刻跟公司辭職。」

從這段小插曲即知，他是個行動力十足的人。坐著空等只會一事無成，既然是自己選擇的路，就算失敗也是因為自己的關係，無關他人。反正一試，不行就不行，再反省為什麼不行就可以了。岸田主廚就是這樣的人。

「不知道自己還有什麼不足，只能先做再說。總比什麼都不做就放棄好。就算失敗了，問題點也會浮出來。很多時候會覺得『好難，不可能吧』，一旦做了，卻能意外成功。打一通電話、拜託一下，零風險又高報酬，值得一試。」

反正被拒絕不會有何損失。就算真的被拒絕，也能知道原因，避免重蹈覆轍。採訪過程中，我不由得說出：「你這種人，就跟很會搭訕的人一樣。」不會搭訕的人會因為怕被拒絕而不敢出聲；但是，很會搭訕的人不覺得被拒絕有什麼，也不認為有風險。他說從沒主動搭訕過，但笑著說：「或許是吧。」

先行動再說，如果做不成，就從失敗中記取教訓。岸田主廚天生具有這樣的行動力以及敢做敢當的性格。

先確立目標，再逆推回來按部就班

另一個厲害之處，是他確立自己的職涯規畫後，便逆推回來採取行動。志摩觀光飯店的主廚說：「三十歲以前沒當上主廚的話，就沒前途了。」他將這句話謹記在心，並具體行動。

「以三十歲以前要實習三年來算，二十七歲就必須到法國去；然後一年以前不開始學法語不行。可是我當時已經二十五歲了，心想這下不妙，於是趕快學。」

幸好他這時候就開始學法語了。他以赴法國工作為目標，開始到補習班「NOVA」上課。本書介紹的名廚多半沒學外語就直接飛往當地工作，但大家都建議：「最好事先學好再去。」

「我都是利用假日去補習班，一個星期才去一次，學到的馬上就忘了，再複習很花時間。所以，去法國的兩個月前，我辭掉工作每天去上課，一共上了一年左右，但最後兩個月可是拚了命地用功。」

餐飲界相當忙碌，大家都是忙到出國的最後一刻才離職，像他這樣有計畫的人並不多。

二〇〇〇年，他依計畫前往法國。雖按部就班學好法語，工作地點卻完全沒著落，令人意外。

「我辭職時有同事說：『反正他一定是拜託在法國工作的朋友幫忙打理好才去的。』所以我就沒跟任何人聯絡，連當天要住的飯店都沒找好，只買了機票而已，真的就是兩手空空去的。」

當時網路還沒有這麼發達，因此在日本幾乎找不到一星、二星的資料。到法國後，他先找出指南書上有打星號的餐廳，然後一一寄信過去。在NOVE上課時，已經先請老師確認過求職信的內容，因此問題不大。最麻煩的是找公寓。因為沒有簽證，就和年輕人一起擠在青年旅社裡，整整住了一個月都在找工作。

「我的做法很老派吧。」就像岸田的自嘲一樣，現在有專門介紹工作的服務機構，很少人會像他這麼辛苦了吧。

「但是，這個過程說不定很有意義。當時我全然不覺得這有什麼好的，但是後來慢慢覺得吃這個苦也還不錯。只求結果的話，自然是去之前就先找好工作和住宿地點比較輕鬆，但這樣就不會有這個難得的苦可以吃了。這種體驗平常碰不到，雖然辛苦，當克服後心志就變強了。」

關鍵在於，能不能從「為什麼這麼辛苦」、「為什麼這麼麻煩」的事情中學到寶貴的經驗。要在海外活躍，這是必備條件。他一邊在小餐廳、小酒館工作，一邊繼續投履歷。期間也在幾家知名餐廳工作過，但都不滿意那裡的食材及料理方式。

這樣的堅持，正是能夠活躍於海外的條件之一，亦即，一開始就在心中建立起高標準。要求自己的廚藝自不在話下，能以更上一層樓為目標很重要。

「沒人這麼做，所以不要做」這個想法錯了

二〇〇三年，他遇上了「Astrance」餐廳。Astrance被稱為目前巴黎最難預約的餐廳。帕斯卡・巴博擔任主廚，他充分運用素材的料理手法，受到全球注目。

當時Astrance只有一星，但他覺得這裡的水準比之前工作的三星餐廳還要來得高。他在本書介紹的佐藤伸一主廚的介紹下，以實習生身分終於進入Astrance了。

之後，他突破困難拿到了簽證，最後當到副主廚。來到法國兩年多，終於能在自己滿意的餐

廳工作，他十分感激。

「我也曾一度懷疑，法國真有那麼厲害嗎？怎麼出乎我意料並沒什麼了不起。但是，到Astrance工作後，我知道厲害的餐廳就是這麼厲害。我的同事也都有同感。在法國，他們的教法是自己的事自己做，所以，這裡的人都超級厲害，我也覺得這樣的環境比較容易造就出天才。」

聽到這番話，不禁讓人想到，很多在日本不受肯定的人，到了海外卻異常活躍。日本的教育基本上是要被人指使、聽從於人，而有主見的人，應該比較適合到國外發展。此外，日本和海外還有一大不同，這點有好有壞，就是「不察言觀色」。

「『沒人這麼做，所以不要做』這個想法根本就錯了。不論什麼事，都有第一個做的人，那個第一個做的人，就是在做跟大家不一樣的事情吧。如果他做對了，就會不知不覺變成一種常識。在日本，我們都偏向以常識思考，這是不對的。」

如果一直待在日本，恐怕不會有這種思考的轉變吧，而且還會因害怕跟別人不同而不敢去做，結果就被埋沒了。到海外發展的一大好處，便是能夠像岸田這樣，想法改變成「即便沒有人做，也要試試看、挑戰看看」。因此，學習外國文化後，抱持這種態度回來的人都很強，恐怕到哪裡都能揮灑自如吧。

在Astrance學會「對常識質疑」

本書也多次提到，Astrance是一家打破法國料理既定概念的餐廳。這項堅持，從主廚帕斯卡說：「什麼是法式料理？」即可窺知端倪。

話說「法國有一種宗教、一百種醬料；英國有一百種宗教、一種醬料」。提到法式料理，一般都認為醬料很重要，但是，帕斯卡一針見血地說：

「有沒有醬料都可以。你會在湯裡加醬料嗎？如果醬料等於法國菜，那麼湯就不是法國菜囉？你不覺得一開始的定義就有問題嗎？再冷靜想一想。不管是肉還是沙拉，不加醬，好吃的東西還是好吃。所以說，不但沒必要什麼東西都加醬，而且太過依賴醬料，吃起來味道都一樣。」

湯裡加醬，這種說法或許太誇張了，但能夠如此追根究柢地反省，我覺得相當了不起。同樣地，岸田表示，烹調料理時，也必須仔細探究食物美味的原因。

「這個漢堡為什麼好吃？是因為適合熱熱吃？還是因為醬汁的濃度？一定有它美味的原因在，所以要自己去研究，找出之所以美味的理由，而這個理由一定可以應用在其他料理上。相反的，如果覺得不好吃，也要去思考不好吃的原因。能改善問題，就能做出好吃的料理來了。要完全從零開始創作新的料理並不容易，但改進現有的東西就簡單多了，而且光這樣就可以做出很不錯的料理來。」

林基就侍酒師說過：「要為自己的每一個動作找到理由。」兩者觀點不謀而合。不要只是覺得「好吃」、「不好吃」，而要進一步徹底思考好吃或不好吃的原因。能不能做到這點，將決定你能不能更上一層樓。

「在日本，料理世界的文化是絕對服從主廚。法國菜就是這樣、烤肉的方法就是這樣等等，規定得清清楚楚。但在法國，即使是最底下的實習生，都會向主廚表達意見。我剛開始也是嚇一跳，但後來就發現，透過丟出問題，往往能激發出新的創意。」

用自己的方式去驗證，去思考有沒有其他做法、能不能創造出其他魅力。岸田主廚表示他在日本時就會這麼做，但能夠對料理做如此深度的思考，是來到法國以後才慢慢學會的。

「比方說，我們常在電視的美食節目上看到他們說：『加熱讓酒精揮發掉。』但真有必要嗎？加熱是因為酒精殘留的話會不好吃，但是，酒精揮發掉的話，香氣也沒了，那麼有放酒精的必要嗎？是不是放一點點好酒，不要讓它揮發掉比較好呢？」

描寫辻調理師學校創辦人辻靜雄先生的《美味禮讚》（文藝春秋）這本書中，提到一則小故事。在日本還不太有法式料理的一九六〇年代，辻先生在法國的三星餐廳吃來吃去，發現當地的做法和日本完全不一樣。在日本說「在法國就是這麼做」的料理權威們，其實根本沒去過法國。

「當然，經過了數十年，最後採取這種做法，想必自有它的道理。但是，大家真的認思考過嗎？會不會只是某個人這麼說，大家就跟著照做呢？」

要對常識和理論、學說保持懷疑。完全相信的話，不但做不出更好的料理，也不會進步，萬一別人教錯了都無法發覺。社會的常識，有些是因為人們認定「大家都這麼做」而產生的，因此，保持懷疑是極為重要的學習心態。

不會外語就無法學習

廚師是一門手藝的專家，而在這門手藝的領域裡，可說是世界相通。本書的名廚們一致表示，就算語言不通，只要聽得懂單字，便能預測出接下來必須做什麼。而岸田主廚事先學好法語，溝通上沒什麼困難，他告訴我們學會外語的好處其實是在其他方面。

「有人認為，只要有辦法做事，不會說外語也沒關係。當然，不會外語還是有辦法工作的，但就沒辦法『學習』了。」

跟帕斯卡學習時，岸田主廚會說出他對法國料理的想法，也可以學習他們的文化。他認為會外語的好處是，除了料理的技術外，還能進行更為廣泛的學習。

「即使在法國待了很多年，如果只是埋頭工作，那沒意思，因為要賺錢的話，在日本比較輕鬆。不能和外國人持續溝通交流的話，到外國去根本沒意義。」

法國人好議論，問他們問題，姑且不論答案正確與否，他們都會明確地回答。他們會說「我這麼認為」，很有自己的看法。難得之處就在於，對自己的意見有信心，用自己的方式去認同。無論如何，「認同」最重要。

「認同後再採取行動，就算失敗了，也都是自己的選擇。失敗後可以反省、改進，避免重蹈覆轍。如果是別人叫你做的，一旦失敗便會於心不甘，埋怨都是那傢伙的錯。因此，要常常告訴自己，選擇的人是自己，必須自己做決定。」

想自己負責、對凡事抱持質疑，這樣的人在日本多少會被當作異類吧。岸田主廚的這種個性和資質，到了法國後更為鮮明、堅定了。他之後的傑出表現，應該與這點不無關係。

日本人的缺點在於缺乏自信

「我本來就對日本人在專業上的技術有信心，我們在技術面上並不輸人，而且，在日本第一線崗位工作，辛苦程度更是加倍。當然，日本人非常一板一眼，細心得不得了，可以說很龜毛。說要切五公分，就會像拿尺來量那樣，正確地切出五公分來。但是，法國人會認為『這樣比較好』就自己亂改（笑）。」

他岸田認為，在法國不像在日本那樣，會被主管毆打、怒罵，他們是比較鬆散的。而日本人在日本受到的嚴格訓練，後來都變成自己的人生資產了。況且，海外沒什麼前輩、後輩這樣的文化，能確實完成工作就會受到器重。換句話說，身為日本人就是我們的潛力與優勢。當然，很好配合就會有被任意使喚的危險，這一點是需要留意的。此外，日本人最大的缺點，就是缺乏自信。

「一個看起來不可靠的人，就算其實很能幹，也很難受重用。不論你心裡多麼緊張，只要認認真真說：『我會，請讓我來。』機會就一定會上門。雖然日本人很行，但要是畏畏縮縮，多半就沒有機會了。」

我所採訪的名廚們都不約而同提到這點。岸田主廚剛到法國的時候也不太有自信，後來他注意到「說話方式」。居然能想到這個層面來，真是太厲害了。

「一急，說話就變快，就會給人不好的印象，所以我特別要求自己放慢說話速度。我到Astrance一年後就升上副主廚，但為了取得同事們的信賴，除了比誰都更努力、技術不輸人之外，我還特別要求自己沉穩下來，好好看著對方的眼睛說話。」

的確，很多日本人都做不到這點。順帶一提，岸田主廚帶人的方式，是和大家商量、和大家一起想辦法解決。他有時候會說：「有空嗎？」然後把大家找來，問道：「現在這種情況，你們覺得怎麼改善好？」當然，他不會發脾氣。

「發飆、打人，會打消大家的幹勁，我認為效果奇差。如果大家本來就很有幹勁，這麼做或許還沒關係。但是時代變了，沒有幹勁的人越來越多了。」

他在當副主廚時，有一次主廚不在，大家一起討論能做些什麼，結論是「拿到二星」。果然目標實現了，Astrance餐廳在該年拿到二星，接著又在他離職的隔年拿下三星。

光是等待將一事無成

「覺得可以做的時候，能夠適時把握機會的人，其實少之又少。」

他在二〇〇五年十二月三十一日結束在法國的工作，二〇〇六年一月一日返回日本，五月開設自己的餐廳「Quintessence」，隔年十一月便榮獲米其林三星殊榮。

他開始覺得不回來不行時，寫了許多封電子郵件給目前正在經營餐廳的人。沒錯，就像他剛到法國時寫信給想去工作的餐廳一樣。

「除了個人資料，我還寫出自己想開什麼樣的餐廳，結果收到不少回信，我從當中找到幾個了解我的堅持的人，就決定回日本了。我覺得，自己不主動出擊的話，光等待是沒用的。」

只是寄個電子郵件這麼簡單的事，一般人卻往往做不到。但是，他向來的態度就是「『沒人這麼做，所以不要做』這個想法很奇怪」。剛開始或許放不開、覺得很花時間，但實際去做，便會發現意外的簡單。能不能像岸田主廚這樣主動跨出第一步，把握住機會，日後的命運將大不同。

「對每一件事情都說NO，非常簡單不是嗎？只要不出手就沒有風險，但是，同時也會一事無成。當然，如果每件事都去做也是很危險的，可是如果覺得機不可失，就要放手去做。我一直都這樣告訴自己。」

岸田是個連餐廳要多大、有幾張桌子等，都有明確想法的人，他很知道「我就是要這樣的餐廳」。裝潢自然不在話下，他還自己規畫動線，全程參與設計。從下面這段話，即可窺知他原本就有經營頭腦。

「我之前在別人的餐廳工作時，就常有各式各樣的疑問。如果我有更好的想法，或是覺得沒必要那麼做的事，我都會寫下來，等到自己開餐廳時，就可以照自己的方式去做了。」

唯有做正確的事才會成功

「即使沒有人這麼做，只要自己覺得對，就去做」這個想法，也表現在目前Quintessence的菜單上。這家餐廳的點餐方式採「無菜單料理」，也就是由主廚推出當日最佳料理。他認為，如果提供不同的菜色供客人任選，就必須採購各式各樣的食材，也會形成浪費，結果反而不能提供最佳料理了。

「越堅持提供節令的食材，菜單的選擇就會越受限。因為食材太多，就提供自己也不認為是最棒的料理，不是很奇怪嗎？如果交由我來決定菜單，我就能確實依照預約的人數進貨並且賣完，冰箱不會有庫存，這樣對客人好，對餐廳也好。」

剛開始很多人不能接受這種方式，不斷反對說：「法式料理不是這樣的。」和食餐廳和壽司店是有「無菜單料理」這種文化，但法式料理是現在才流行起來的，在此之前，日本的法式餐廳幾乎無人這麼做。

開業之初，Quintessence餐廳的套餐一客要價一萬五千日圓。一般認為一萬日圓是上限，這個價格訂得太貴了。此外，還不斷有人反應：「能不能再多給一種菜單？」但是，Quintessence依然不改其志，他們不斷向雜誌和媒體解釋這種做法的用意後，開店七年來，饕客們終於都習慣了。

「我一直認為，只有做正確的事才會成功。比別人更努力地做出好吃的料理、擺出更有創意的擺盤等等，這類軟體部分是有限的，所以必須差別化才行，但卻又要人去做和大家一樣的事，不是很矛盾嗎？」

經營成功的餐廳，它們的共通點不是模仿或迎合流行，而是貫徹自己認為最正確的事。一如岸田主廚所言，若不幸失敗就從中汲取教訓，但不去做的話，永遠不知道結果會是如何。此外，他也堅持他在法國學到的策略，那就是，要讓客人感動地說「這家餐廳最棒」，而不是說「這家餐廳還可以」，也就是「0或1」的概念吧。

「一半的人讚不絕口，另一半的人完全不喜歡，這種毀譽參半的店和大家都認為『還好』這種剛好及格的店，我覺得前一種強得多。以服務業來說，當客人的評價是『還好』，就等於『不會再去』。要讓客人在眾多選擇中再度光臨，一定要讓他們有所感動才行，重點就在於能不能抓住這些被你感動的人。」

連續三年榮獲米其林三星、「全球五十大餐廳」日本料理第一名

山本征治

「永遠想著『還能做更多』！」

Seiji Yamamoto／日本 Nihonryori RyuGin

1970年出生於香川縣。認定「日本料理是日本人向全世界發聲的利器之一」，而於2003年在東京六本木開設「日本料理龍吟」餐廳。2011年出版《米其林指南東京．橫濱．湘南2012》以來，連續三年榮獲三星殊榮。積極接受世界各地前來的外國實習生。

接受年輕外國廚師的實習制度

「日本料理龍吟」餐廳連續三年榮獲米其林三星殊榮，並且被「聖沛黎洛天然氣泡礦泉水」所主辦的「二〇一三年全球五十大餐廳」評選為第二十二名、日本料理的第一名，也被該雜誌的亞洲版評選為第二名；而主廚正是山本征治主廚。山本主廚在德島一家歷史悠久的餐廳「青柳」工作十年，學習日本料理的傳統與技藝，然後於二〇〇三年在六本木開設龍吟餐廳。

龍吟有一個很特別的地方，它們的網頁上開了一個英文版的報名欄，以兩到三個月為單位，接受外國的年輕實習生。據說申請人數每年超過兩百人，餐廳營業的日子，幾乎每天都有來信，而且人數逐年攀升中。

在法國、義大利、西班牙等國家，這種制度十分盛行。沒有簽證也能居留三個月，因此可以安心住下來工作，正因為有這種「實習生」制度，即便是有五十名員工的知名餐廳，正式職員往往只有數人，其餘皆為實習生。然而在日本，幾乎沒有餐廳明確採用這種制度。

「目前澳洲人最多，也有義大利、西班牙、美國、新加坡、墨西哥、巴西的孩子。用skype面試時，我們都會說明工作很辛苦，但他們還是來了，大家都相當認真，每天都來工作。當然，語言是一個問題，但大家同是廚師，總是有辦法溝通的。」

日本人到海外工作時，務必學習如此高昂的工作意識，不然，把自己當客人的話，只會造成別人的困擾而已。

日本人到海外，除了工作，找住宿地點也是一大麻煩。不過，龍吟為實習生準備了宿舍，也提供三餐。在這個動不動就可能壓榨勞工的時代，龍吟能有如此完善的實習生制度，非常了不起。

「義大利、法國、西班牙等歐洲各國都接受日本的廚師。就是因為我們到這些國家學成回來，日本餐飲界才能這麼發達。日本人受到各國的恩惠，我們如果不能以同樣方式回報，不是太可恥了嗎？日本料理正受到世界各國的注目，我不是要趁機巴結，而是想好好告訴外國人，這就是日本料理。」

面試、準備宿舍等等，盡是些麻煩事，想做也未必能成功。外國來的廚師們實習結束後，為了成為有名的主廚，會再次到世界各國去。因此，龍吟的實習制度，某個意義上，堪稱在為提升世界的料理水準做出貢獻。

在全球餐飲人聚集的學會上大受震撼

或許讀者會納悶，山本主廚並沒有海外實習經驗，為何會引進這個制度？據說他之所以有這個使命感，是在二〇〇四年到西班牙聖塞巴斯提安（San Sebastián）參加「世界料理學會」時，聽到「實習生」這個制度，便開始思考自己能夠做什麼。

或許有些人會驚訝料理也有學會？就像醫生會舉行所謂的醫學會一樣，料理學會就是世界各國的廚師聚集在一起，發表自己新發現的烹調方式，以及對料理的想法等。山本主廚受推薦前往出席，當時，他只出國兩次而已。

「我的護照空空的，語言也不通，連要住哪裡都不知道。對方有派人來接我，但我在機場被攔住了，行李全被打開。我的行李裝了表演用的廚刀，其他還有葛粉、調味料一堆，全被當成可疑的粉末（笑）。」

這樣就敢去參加學會，真是太厲害了。不得不佩服他的勇敢，以及那有點異於常人的神經。

山本主廚發現，在歐洲，廚師的地位相當高，被大家捧成明星一般，讓他驚訝不已。日本料理的世界，別說學會，就連法式料理及侍酒師世界中常有的比賽都沒有；只要能在客人面前談談料理，展露自己的本領，就很開心了。

「會議結束後，我深深覺得，就算所有日本廚師歇業三天來西班牙都值得。技術不必說，最令人感動的就是年輕廚師們的意識。他們能夠在台上脈絡分明地表達自己的想法，看到那個樣子，絕對會有所改變的。」

追根究柢問「為什麼？」並思考

他參加學會除了受到極大的衝擊，也對料理產生另一種想法。而接觸較高的水準後，能夠意識到自己仍有不足，能夠不當井底之蛙，受到刺激後即虛心接受、學習，這些都是山本的獨到之處。

「我在海外學到，料理和所有事情都一樣，如果不能好好思考，建立起自己的理念，最後會一事無成。所以我決定『如果回答不出為什麼，我就不做。』不論做什麼事，都有它的道理，如果說不出『是因為這樣才這麼做的』就不行。」

為何食材要在這個時候放？為何要切成這樣的大小？不僅料理的技術，就連生魚片的醬油要倒多少，都要能說出個所以然來。透過如此追根究柢地問「為什麼？」才能更深入了解日本人和日本料理。

「日本料理向來不太講究獨創性。日本的教育就是這麼教的，不要我們太過突出。但是在國外，他們會問『為什麼？』而且相當重視獨一無二，所以會造就出藝術家和創作者。我認為這些教育理念的差異，也影響著料理的世界。」

「要能夠說出為什麼這麼做的理由」、「要多加思考」這種觀點，和Quintessence餐廳的岸田周三主廚、Osteria Francescana餐廳的德吉洋二主廚、Dal-Pescatore餐廳的林基就侍酒師的說法不謀而合。而在國外，這種想法極其理所當然，只是在日本料理的世界，有這種想法的廚師會被當成異類吧。

「在日本料理的世界，當被問到：『為什麼要這麼做？』十之八九會被回嗆：『閉嘴，聽我的！』但是，如果解釋不出來為什麼，就代表自己也不懂吧。我認為要能夠回答出為什麼，才能夠教人。」

據說在龍吟工作的外國實習生，有人在用炭火烤肉時，會拿溫度計測量火焰的溫度，然後問：「為什麼昨天和今天差兩度？」如果在日本料理店工作時問這種問題，應該會被臭罵吧。如果是認認真真在工作，就應該說明：「因為昨天的肉和今天的肉狀態不一樣，所以溫度也不一樣。」如果回答不出來，就表示沒想過這個問題。如果認為「本來就是這樣」、「上面這麼說，我就這麼做」而不去思考，就做不出更好的料理來了。

「『料理』這兩個字，就是『料想其理』，所以，料理裡面一定要有理由才行，不明就裡做出來的，不算料理。」

讓日本料理成為世界共通的語言

今日，日本廚師活躍於全世界，日本料理的要素也受到全球注目，原因之一，一般認為是因為日本料理裡面有「鮮味」這個味道。這是除了酸、甜、苦、鹹之外的第五個味道，也是日本所獨有的。

此外，隨四季推出不同的料理、色彩豐富、細膩、先開胃小菜再主菜的上菜程序，以及使用多彩多姿的小器皿等，都是日本料理的特色。

他在說明日本料理的絕妙時，說了一段很有意思的話。他問道：「一根小黃瓜，算是一道料理嗎？」一根小黃瓜的話，當然屬於食材，但如果折成兩半給你的話……。山本說，答案有兩種。

「如果只是折成兩半給你，應該還算是食材，但是，如果那條小黃瓜才剛摘下來，水分多到會滴下來似的，那麼不要烹調，直接折成兩半來吃才比較好吃，這時候小黃瓜就是料理了。這個道理只能意會很難言傳，但這就是日本料理。就因為有這個精神在，日本料理才會這麼受到世人注目。」

明明是同樣的動作，卻有料理與非料理之別，這話說得多麼哲理，而他想表達的意思是，日本料理正是這種精神表現的結晶。他說是這幾年才有這層領悟的。開店數年來，始終相信「料理就是創作的表現」，認為將海外的技術應用到日本料理上會非常有趣。

「是不是想太多了？還是做過頭了？（笑）但，我現在不這麼認為。外國的實習生來我們餐廳找『道地的日本料理』，但我沒必要找吧。我最終的目標，與其說是讓他們覺得『山本的日本料理很好吃』、『能夠來龍吟真好』，不如讓他們覺得『日本好豐富、好有意思』，我就是要開這樣的餐廳。」

龍吟的版圖已經擴大到香港、台灣等亞洲各地，他們所揭示的目標是「讓日本料理成為世界共通的語言」。意思並非把「日本料理」這個名詞推廣出去，而是要把日本人特有的感覺和精神傳播出去。

一如法國料理的基本在醬料，外國料理都是在食物上加些什麼來調味，也就是「加法料理」，但日本料理是用高湯等把食材本身的鮮味提出來，算是「減法料理」吧。山本主廚做了以下比喻。

「兩者的不同，就像一個是用粘土捏出聖母瑪利亞像，一個是用一根木頭雕出觀音像。同樣都是神像，日本料理偏向去蕪存菁，把食材的本來面目呈現出來，這也是觀音的精神。例如，生魚片就不是做出來的，而是將魚本身就有的部分透過某種方式取出來。我覺得這樣很好。」

「偷師」是一種懈怠

從料理學校畢業後，他在當地香川的餐廳工作，二十二歲進入德島的老字號料亭「青柳」。

在青柳學習期間，完全採傳統的師徒制，如果沒有相當的覺悟會撐不下去。當然，時代不同也有關係，他表示：「如果今天，我們店裡還採用這種方式的話，我們的孩子撐得下去嗎？」可見當時的學習環境多麼嚴苛。

一般認為，學技術當然是要「自己看自己學」。不過，龍吟已經不用這種方式了，山本認為，「自己看自己學」是教的人的怠慢。

「我認為現在剛好相反，教人時要盡量用淺顯易懂的話，還要條理分明。再說，自己偷學太花時間了，而且，那個說『自己看自己學』的人，如果你照做了，他還會說：『你在偷看什麼？』（笑）。一直盯著他看會被罵，想學也學不起來。我覺得會說『自己看自己學』的人，一定是他嫌教人麻煩，想趕快敷衍了事，就換個好聽的方式說罷了。」

山本主廚沒有熏染到這種惡習，是因為他經常對常識抱持懷疑。對於日本料理的常識，他常質疑：「真的是這樣嗎？」如果覺得不對就改變，相當有主見。

他想把自己所學全盤教給年輕人，而且不僅是對自己店裡的廚師而已。令人驚訝的是，他以「TOKYOGASTRONOMY」這個名字，將烹調料理的詳細步驟拍成影片上網到YouTube網站，把技術完全公開。非常值得一看。

龍吟＝團隊能力

「我能夠開這家我想開的店，是因為同仁的鼎力相助。龍吟是一個團隊，憑我一個人絕對辦不到。看到同仁們都在進步，我就更願意教他們。」

喬爾．侯布雄和須賀洋介主廚等五人組成團隊，在世界各地開餐廳，同樣地，龍吟這家餐廳也是一個團隊。廚師的世界基本上是師父帶徒弟的模式，所以還不太有這種團隊思維。

從「自己看自己學」，到條理分明地教導，進而組成團隊，然後相輔相成，便能提升工作水準，這是十分明智的想法。山本表示，開業之初，他並沒有時間想得這麼深刻，但他現在最重視的就是同仁和團隊的成長了。

「創造一個團隊工作環境，這種事只有我能做，但是，削胡蘿蔔就未必要我來了。說得清楚一點，我在意的是我還有幾年能在工作崗位上，能留下多少好吃的料理。當然，絕對不能忘記是因為有人幫我削胡蘿蔔，我才有今天的主廚地位，但如何在這之間取得平衡，也是非常重要的事。」

當初，削胡蘿蔔的皮、切白蘿蔔這些事，他都自己動手。現在有人幫忙做了，他才能去參加學會、去做其他事情。況且，用英語接聽響個不停的電話、用skype面試實習生、在廚房思考菜單等，光一個人要忙完整家餐廳的事根本不可能。

在現場和大家一起削胡蘿蔔的皮，不是一位好領導者該做的事。居領導層的人，有居領導者該做的事情。

「『身為一名從事日本料理的日本人，必須思考自己能夠做什麼事才對吧。』不可否認，我就是站在這樣的立場思考的。我目前在做的事，就是向全世界進行各種提案，問問他們這樣做好不好。如果我不做，是我的怠惰吧。我用這種方式在砥礪自己。」

因為榮獲米其林三星、獲選為世界五十大餐廳，他出席學會、料理大會的次數增加了，也就有更多機會和各國的明星主廚見面。其他主廚都在做的事，他不容許自己不去做。

置身在一群高水準的人才當中，自然會產生良性的同儕壓力。他想向全世界傳播日本文化，他的所做所為無不令人感受到一股超越廚師立場的意志。

永遠想著「還能做更多」

山本主廚表示，他對料理以外的事情都沒興趣，開業之前，他就常買各種料理的書來研究，收集資料，他稱自己是個滿腦子只有料理的「料理宅」。吹起葡萄酒風潮時，他心想日後這股風氣也會吹向日本料理界，於是也考取侍酒師資格。

「我想到將來自己要開業的話，說不定得請侍酒師，薪水恐怕很高吧。好比說，我覺得這個葡萄酒不錯，但如果不是真懂，也會被員工當白痴吧（笑）。我是為了想跟他們說：『我可是有侍酒師資格的喔。』才去考的。沒辦法，我就是這種死個性啊！」

他是在青柳工作時考上了侍酒師資格。當時忙到都沒時間睡覺了，但不論再忙，他還是做到了，這點實在了不起。成功的人多半不會只看眼前，而是看長遠，然後把時間投資下去。

「我現在也是一樣，滿腦子都在想：『應該還有吧、應該還有吧。』這個『應該還有』的部分，不是我個人的成長或自我滿足，而是客人的幸福。因為我經常在想如何讓客人幸福再幸福，就會回過頭來思考自己還能再多做什麼。」

只希求個人的成長，並不會為客人帶來幸福快樂。山本希望年輕人在學習過程中都能意識到這點。

山本建議應該趁年輕「多多累積各種經驗」。購物也好、去美術館和動物園也好、和女朋友約會也好，只要自己覺得不錯就去做。並建議多多外出、多對事物保持興趣。

「你覺得不錯的事情，其中必有什麼讓你覺得不錯的原因。保持這種心態非常重要。一切事物當中，都隱藏著各種暗示。因此，不要每天渾渾噩噩度日，要讓自己的感覺豐富起來，相信人生就會有所改變。」

一如醫師為患者治病，廚師就是為罹患「好吃美食病」的人創造幸福。山本說，同樣都是穿白色衣服，廚師一定不要輸給醫師。

「日本擁有很多能夠登上世界舞台的資產，而我個人認為當中最棒的就是日本料理了。這個能夠代表日本人、能夠與世界各國匹敵的資產，剛好就是我們的職業。我會抱著這樣的態度工作下去。」

活躍世界舞台
必備的 34 個
成功心法

本書登場的十五位名廚及侍酒師，為何能進軍國際，甚至榮獲米其林三星的至高殊榮呢？我將透過他們的經驗，把能夠活躍於世界舞台的知識與理念介紹給大家。

這十五位名師的故事不盡相同，但他們的現身說法中有若干共同點，我認為這些正是我們日本人所必須具備的技能。

這個篇章等於是本書的重點整理，我將我在採訪過程中認為至關緊要的重點，分為「思考模式」、「工作方式」、「行動方法」、「工作選擇」、「領導能力」五個項目加以說明，並與大家一起重新檢視「自己的強項」。

1 比起技術與知識，學習哲學更重要

本書介紹的多位名師告訴我們，他們在當地學到的不僅是料理的技術或葡萄酒的相關知識而已。當然，學習技術與知識的重要性不在話下，但**更緊要的是，學習當地名廚及侍酒師的「人生哲學」**。

說得極端一點，料理的步驟與技巧，看書便能有所掌握，因此，了解當地一線主廚的工作理念與人生哲學，相對重要多了。這點不僅適用於料理的世界，也適用於運動、商場等領域。

二十年前，我到美國念研究所，日後幫助我最大的不是念書得來的學問，而是海外遊子們的想法、生活態度及方式等。

重點在於學習將對我們的工作及人生影響至深的哲學。我認為這點不僅有助於在海外大顯身手，即便回到日本，也是千金難買的寶貴資產。

2 抱持「好還要更好」的高標準

不論是哪個領域，即便在日本已是頂尖，但畢竟天外有天、人上有人。要進軍國際，便是要

與這類頂尖人物決勝負，因此必須要以高標準要求自己才行。

本書介紹的名廚們全都不甘於日本第一，他們個個精益求精，努力追求在世界舞台上發光發熱。由於目標如此遠大，他們的工作模式以及對工作所投注的熱情，自然非比尋常，絕不會拿到米其林三星就不再求精進了。

例如，以股票上市為終極目標的公司，以及抱持「股票上市只是門檻而已」這種態度的公司，它們之後的發展肯定截然不同。世上許多的公司在股票上市後便每況愈下，正是因為他們沒有以更高的標準來自我要求，以為股票上市就真的成功了。

不當井底之蛙，認清「人上有人」這個事實，抱持「好還要更好」的高標準，是進軍國際舞台的必備心態。

3 追根究柢地思考

待在日本的話，人親土親，很多事情都顯得理所當然，即便不去追根究柢也能照做不誤。「這不是常識嗎？」是多數人的反應，從好的方面來看，彷彿大家都有一定的共識與默契。

但身在國外就不是這樣了。**在國外的好處是，「為什麼要這樣？」「為什麼這麼做會比較順利？」諸如此類，凡事都可以再深究下去。**以料理來說，便會進一步思考「為什麼這道菜會這麼好吃？」「為什麼要用這種溫度來調理？」在日本，如果在實習時問了這類問題，說不定會被回以

「好煩的傢伙」、「有沒有常識」，但在海外就不必有這樣的擔心，只要不懂的，都能盡量發問。

舉例來說，在日本，上司若說「上門推銷去」，乖乖回答「是」的人肯定不少。但其實上門推銷的效果奇差，應該有更好的方法才對，可是一旦被命令，腦袋便自動放棄思考了。

這種唯命是從的文化，堪稱日本人的優點，但若要更上一層樓，這種心態就不足取了。「**只要不放棄思考，絕對會成功。**」**這是德吉洋二主廚從老師馬西莫那裡學到的道理**。要在海外占有一席之地，在專業上追根究柢絕對必要，而且你會發現，只要稍微改變想法，往往就會有新的創意產生。

最可怕的是，被工作逼得無法思考。有些做法只要稍微留心便知道行不通，卻往往腦袋僵化得只會因循苟且，如此一來，將不會成長也不會進步，結果就是毫無所獲了。

4 讓每一個動作都具意義

「龍吟」的山本征治主廚告訴我們，國外實習生在烤肉的時候會一一測量火的溫度，然後問：「為什麼昨天和今天的溫度不一樣？」

如果在一般的日本餐廳問了同樣的同題，應該會被回以「那還用說」、「那是理所當然的」，說不定還會惹惱人，被喝斥「你想太多」。

但是，外國人會認為問才是理所當然的，他們如果不明所以，如果心生質疑，一定會問個明白。他們會認為，或許原本以為有意義的動作是錯的，或者其實有更好的方法也說不定。

不僅在調理方法上，其他如：為什麼要說「歡迎光臨」、為什麼要在這個時間點端出盤子、為什麼要給客人濕毛巾……。讓自己的每一個動作都具有意義，這點極為重要。

只因為人家叫你做你便做，那便毫無意義。**如果有人說「你就這樣做」，你也要去思考為何什麼？是真的有必要嗎？**如果不去思考行動的意義，就永遠只能當個被使喚的人了。

5 即使是常識也要歸零思考

到了國外，你會發現從前在日本做的事、認為理所當然的事，其實並非放諸四海皆準。你會覺得受常識制約很可怕，但換個角度想，這不也是一種訓練嗎？

我到美國留學時就有幾次這樣的經驗。例如在日本，只要事先約好，我們便會認為理應準時在約好的地方等待，人一到就能馬上開會了。但到了外國，我準時赴約卻一個人也沒到的情形根本是家常便飯（笑）。某種意義上，可說一直以來的價值觀被打破了吧。

這點和之前所說的「追根究柢地思考」不無關連，德吉洋二主廚也經常被老師馬西莫要求「思考、思考、思考」！

此外，岸田周三主廚也表示他在「Astrance」時代，主廚帕斯卡說「沒有醬汁也無妨」的事。以之前的料理常識來看，醬汁是法國料理的基本。於是岸田主廚追根究柢地思考：「真的是這樣嗎？」結果創造出新的世界，榮獲米其林三星殊榮。而且，時代也已經往新的方向前進了。

將之前的常識歸零後重新思考，便能產生新的想法。而透過思考「這樣究竟是對還是錯」之後，所採取的行動肯定更提升一級。

6 別察言觀色，要保有獨創性

懂得察言觀色是日本人的優點，但是，這裡的「別察言觀色」意義稍微不同。**並非不去在意周圍的反應，而是人在外國，就別太過於迎合對方的做法或常識**。

例如，去法國進修法式料理，你認為要做出和法國人一模一樣的法式料理嗎？恐怕，做不贏他們吧。

因此，我們要去思考自己的特色是什麼？或許是認真、或許是細心、或許是正確無誤地完成事情。換句話說，「日本人」這點就是我們獨一無二的特色。只要思考如何進一步發揮這些優點就可以了，方法非常簡單。

只要稍微改變「他們都這樣做，所以我也跟著做」這種想法，在國外工作就會容易多了。

舉例而言，名廚侯布雄研究過日本壽司店的吧檯後，開了「侯布雄法式餐廳」，立即大受全世界饕客的喜愛。這就是獨創性。如果只是一味學習相同領域的知識，便永遠只能做出傳統的法國料理，也就不會有「侯布雄法式餐廳」了。

我問過多位廚師，知道他們都是到各種不同的餐廳去看、去吃，而這也是理所當然的；進修中的人會去參觀同行的餐廳，然而當到達了頂尖等級，許多人便「已經不去同行的餐廳了」。例如，法國料理的廚師只會去日式餐廳、義式餐廳等地方參觀、品嘗異國料理。

光是觀察同樣的事物而加以模仿，絕對不會有新產物。創新的祕訣便在於此。

7 毀譽參半也OK

必須謹記，我們都無法滿足每一個人。在外國工作時，若還抱持想要人人都稱讚「還不錯」的心態，就太脆弱了。

即便絕大多數人都說「這是什麼啊？」「不可能！」但只要有一部分人非常喜愛，並給予高度肯定，就會讓你保有獨創性。因此，遇到毀譽參半的時候也要欣然接受，不要害怕反對意見或被否定，這點十分重要。

很多國家並不像日本這般幾乎只有單一的民族，美國原本就是個多民族國家，歐洲由於國與國相連，移民的情形普遍，因此融入了各式各樣的文化。人種不同，思想也不同，要滿足所有人是不可能的。

毀譽參半是常有的事，創新之舉未必能立即廣為接受。但是，即便多數人都予以否定，只要自己有信心堅持做下去就行了。

8 別拘泥於現狀，要相信自己

岸田周三主廚在日本開餐廳時，採用「無菜單料理」，亦即全權交由主廚精心設計的唯一套餐。剛開始，許多客人建議：「能不能再多提供一種套餐呢？」但現在大家都已經很習慣這種方式了。其實，「無菜單料理」本來在壽司和懷石料理的世界就極為平常，並非創新之舉，只不過在法國料理的世界史無前例。

岸田主廚認為這種方式對餐廳、對客人都好，於是滿懷自信地堅持下去。他表示這是在實踐自己的理念，也就是不浪費最棒的食材、要端出最好的料理。雖然其他餐廳都推出「七千圓」、「一萬圓」等數種套餐選擇，但他認為實在沒有跟風的必要。

這點和「毀譽參半也ＯＫ」相似，**開始一項新創舉時，沒必要在意之前是否有人做過、是否有前例可循。但重點不在於有無前例，而是自己是否有信心，願意全力以赴。**如果沒有信心與信念，光想要硬幹到底還是會失敗的；如果沒有被否定的覺悟，卻想提出創舉，也只是任性而為罷了。

不過，如果認為自己是對的，那就去做，因為就算進行得不順利，也只要對自己負責即可。

9 要當個被動、聽命行事的人？還是要主動出擊？

我之前在《新工作模式》（鑽石社）書中也提過，在海外工作最困難的就是沒有人會告訴你怎麼做。外國人不會從頭開始一步一步教你，也不會親切地給指令說：「請先做這個喔。」**如果不自己去發現自己該做什麼，就會被當成打雜的使喚。**相反地，**如果自動自發並做出成果，別人就會更加重用你，並給予相當的肯定。**

在大企業工作或許另當別論，但不能積極行事的人，恐怕很難在國外大顯身手吧。所謂在海外決勝負，就是指能不能適時自動自發而生存下來，因為等待下去，很可能就無路可走了。

10 要提升的不是弱項而是強項

提到日本人登上國際競爭舞台的弱項，運動選手的話，就是體型嬌小，廚師的話，就是不熟悉當地的家庭料理，不太有當地的味覺偏好等。就連語言，也無法百分之百掌握到當地人微妙的語意。

若要修正這些弱項，不但曠日費時，最終依然無法達到與當地人相同的水準。因此，不妨冷靜思考自己的強項為何，並加以大大發揮即可。

我已經提過多次，日本人的強項就是認真、仔細、專注於工作、滿腔熱忱……。看我們的懷石料理就知道，我們還有獨特的美感，能隨四季推出不同的料理等，強項太多了。

不需要勉強配合外國人來修正我們的弱項，而是將我們的強項發揮出來。將我們的優點一一展現在外國人面前。

11 能不能打造出屬於自己的品牌

在海外決勝負這件事，認真說起來，是必須以個人身分論輸贏的。就算說：「我在日本的時候，曾在這裡工作。」然後遞出名片，對方的反應也很可能是：「我又不知道那家公司。」重點不在名片或頭銜，你必須用對方容易理解的方式，表現出你是怎樣的人、會哪些事、具備何種強項。

亦即，你要做出自己的「品牌」。就對方的立場來看，日本人是外國人，不但名字難記，長相也看起來差不多。如果沒有「品牌」，不但對方不會知道你，知道了也不會記住。

要做出自己的品牌，當然要讓人肯定你的工作能力，但這樣還不夠。松嶋啟介主廚為了讓大家記得他，一定在帽子的背面寫上「K」字。此外，餐廳開幕時，他還特地騎著腳踏車上街閒逛讓更多人知道。就必須像松嶋主廚這樣，時時經營自己的品牌，持續努力不懈。

即使不是自己創業，而是受雇於某家公司也一樣，不要憑藉「我是〇〇公司的某某某」，絕對要培養出光憑「某某某」這個個人品牌就能取勝的實力。

有些主廚拿到米其林星級評鑑便感到滿足了，有些主廚則是利用這個品牌走向國際。總之，**首先是創造出自己的強項，然後再善用強項使之發揮最大功效，便能更上一層樓了。**

12 秉持自我哲學

到外國工作時，學習成功人士的思考和做法相當重要。閱讀本書或其他商業書籍後受到影響，將書中的知識學起來固然很好，不過，有一點希望大家不要誤會。

閱讀本書後說：「我用這個做法、這個想法來試試看。」閱讀其他書籍後又說：「說不定這個方法比較好。」**如此盡受他人想法與做法的影響而忙得團團轉是很危險的**。

如果缺乏自我的思考與哲學，人家說往東就往東、說往西就往西，到處亂晃一通，很可能會一事無成。同樣都是閱讀商業書籍，有人有成果，有人一無所獲，我認為差別就在這裡。

工作也是如此，當上司建議「這樣做比較好喔」，當然就要把這個意見好好聽進去，然後試著做看看。只不過，如果心中沒有自己的哲學，不去思考是基於什麼想法才這麼做的，便會淪為被任意使喚的人。

「我想這麼做」、「我是基於這個想法在工作」、「我想過這樣的人生」等，如果沒有這種「幹勁」，只是抓點皮毛似地模仿別人的做法、複製他人的知識，是不會往正確方向前進的。結果只會埋怨「那本書都亂寫」、「那個人胡說八道」，而把過錯全歸咎在別人身上，自己一點也沒有錯。

13 有前例可循該感到欣慰

當看到別人正在進行挑戰時，你會發現人們有兩種反應。

一種是「好棒喔」、「好厲害喔」，心生羨慕，並一直盯著看；另一種就是心想「那個人可以，那麼說不定我也行」。

美國第十六任總統林肯曾說：「**有人獲得了不起的成功，就表示其他人也能獲得同樣的成功。**」有前例可循是值得高興的事。光看別人成功而心生羡慕並不會改變什麼，重點在於你認不認為別人可以的話自己也行，並且採取行動。

例如，正因為有野茂英雄與中田英壽，之後的棒球和足球選手才在海外活躍起來。此外，一如伊地知雅主廚看到松嶋啟介主廚的餐廳，自己便想在法國開餐廳；一如山本主廚在海外看到餐廳的運作狀況，便開始接受實習生……。

很多主廚都不光是羡慕別人而已，他們受到刺激後，就心動不如行動了。我在這裡介紹活躍於海外的主廚，希望不僅是料理的世界，而是在許多領域都有更多後起之秀，能青出於藍而更勝於藍。本書的確在實踐林肯總統的金玉良言啊。

由衷希望本書能讓各位讀者開始覺得——別人可以，我也做得到。

工作方式

14 要當個被使喚的人？還是自己站上舞台？

我總覺得上一代或上上一代的日本人，說句不好聽的話，很多人都被當雜役使喚。不僅廚師和商人如此，也包括其他各行各業在內。舉例來說，iPhone採用很多日本製的零件，可以說沒有日本廠商就沒有iPhone。既然擁有這麼多高超技術，日本要製造iPhone一點也不奇怪，偏偏就是辦不到。

我絕不是在批判電子廠商，但事實就是擁有高超的技術也不能和蘋果公司那般登台亮相。實力只能在檯面下發揮，實在太可惜了。

不過，經由這次的採訪經驗讓我深深覺得，這個現象正在大大改變中。尤其在歐洲的餐飲界，近五年來日本廚師的活躍度令人刮目相看。

要當個被使喚的雜役？還是要自己登上舞台？這件事和**是否有自我的哲學思考與獨創性，是否具有自己的主張與定見等等息息相關**。

15 如何度過第一階段，將改變你整個人生

我看那些想在海外大顯身手的人，覺得最可惜的就是，他們的做事方法錯了。**進修期間，不該為了賺錢而工作，應該積極培養自己的實力，累積專業上的資產才對**。

請將年輕時代設定成此後漫長人生的第一階段吧！一開始就打算輕鬆度日，想一邊工作一邊盡情遊戲人間的話，可說是踏出錯誤的第一步。因為這麼做既不會為你奠定實力，也不會為你累積足以迎向第二、第三階段的資產。

這次我所採訪的每一位主廚，他們的共通點就是**在起步時便徹底打拚，全心全意投入工作**。

更了不起的是，旁人看來覺得辛苦，他們卻不約而同說：「工作真是快樂得不得了。」

只要確實感受到自己愈來愈具戰力，愈來愈進步，便會湧上想要變得更強的鬥志。因此，應該在二十歲到三十歲之間培養樂在工作的經驗，而這十年時光，也將是決勝負的關鍵。

不論從事何種工作，都必須不斷思考「我只要完成工作就好嗎？」「我該藉工作機會累積更多專業上的資產嗎？」換句話說，**你能夠創造愈多「每天都好期待去工作」的環境，你就愈接近贏家**。

16 確實打好穩固自信的基礎

採訪這些主廚時感到非常有趣的一點就是，**這些名廚們異口同聲表示：「在料理方面，自己並不覺得輸人。」**不論他們人在法國、義大利或西班牙，都不是在自己土生土長的國家，卻能如此滿懷自信，你不覺得他們很了不起嗎？

正因為他們有如此的自信，才可以如此的活躍吧，而且也是因為擁有這份自信，讓他們在進修結束後，依然繼續迎向各種挑戰。

德吉洋二主廚工作才一個月，因為前任副主廚離職，老闆便對他說：「明天起，就由你來擔任副主廚吧。」而無此經驗的德吉主廚卻能一口答應說：「好的，我來。」當然一方面是氣勢，另一方面也是因為他滿懷自信。這表示他在日本的期間，已經打下能成為日後資產的基礎了。

若毫無基礎也無實力，僅憑一份自信支撐，那是單純的自信過剩，一定不會成功吧。反之，若能確實打好基礎就能帶來自信，並建立起自己的成功哲學。

17 努力建立人際關係，打開知名度

拿到米其林星的主廚與沒拿到的主廚，或者是世界知名的餐廳與沒沒無聞的餐廳，成功的經營者與不成功的經營者……，將之相互比較，便會發現其中一個差異在於，是否建立良好的人際關係。

有些餐廳開幕不到一年就拿到星星了，有些餐廳開業十年仍與米其林無緣。一年內能夠摘星的餐廳，一定是有人知道，一定不可能沒有人介紹。若沒有人知道這家餐廳，就算它能端出珍饈美饌也不會被發現。

有些主廚會在開業前就會請記者到家中，然後親自下廚招待並詢問意見；有些主廚會在開業後請記者來招待他們，諸如此類，很多主廚都具有良好的人際關係。

因為平時就努力打開知名度，才能獲致成功。

廚師是一名藝匠、職人，如果認為藝匠、職人只要做出好東西，即會為人所知並獲得好評，那就大錯特錯了。尤其在世界與各地菁英決勝負時，建立良好的人際關係至關緊要。

18 重點不是在名店工作，而是你在那裡做了什麼

有些日本廚師會自誇：「我曾經在巴黎的〇〇餐廳工作過。」的確，在知名餐廳工作，會為個人品牌加分，不過，**真正重要的並非在名店工作這件事，而是你在那裡實際工作的內容**。

如果只是在那裡洗碗盤，或是掛個名並無實質工作經驗，根本毫無意義。本書介紹的主廚和侍酒師們，很多人都在名店工作過，他們都在那裡習得了一流的思考與哲學。必須知道，料理的世界並沒那麼好混，絕不是光會做菜就可以行得通的。

這點也適用於一般的上班族。即便在多麼知名的大企業工作，也沒有什麼好驕傲的，因為你在那家公司學到什麼，你做出了什麼成果，這些才是重點。

19 擁有強烈的好奇心

在海外功成名就的主廚們，都有旺盛的好奇心。例如佐藤伸一主廚，他在巴黎的「Astrance」餐廳工作兩年後，就到葡萄酒產區勃根地的酒莊學習釀酒。如果志在成為一名侍酒師還說得過去，他竟然中斷廚師工作一年去學釀酒，也實在違反常理。

同樣地，山本征治主廚在「青柳」工作期間，還廢寢忘食地用功取得侍酒師資格。我也有一位朋友，他為了成為一名侍酒師而遠赴海外進修，結果不滿足於葡萄酒的知識與技術，還進一步

去學習釀酒呢。

當然，**起步階段於本業上好好進修，確實打好基礎自不在話下，但接下來就不必拘泥於單一領域，應該培養更多興趣，廣泛涉獵才對**。

乍看之下，會以為他們做了多餘的事，但有心繼續上進的人，非具備這樣的好奇心與幹勁不可。

20 訓練能迅速完成工作

學生時代，我在麥當勞打過工。麥當勞遍布全國各地，但每家店的來客屬性不盡相同，有些店成天忙得不可開交，有些店忙碌程度一般。

打工時，我注意到在忙碌的店工作的人，和在不忙碌的店工作的人，兩者是有差別的。在不忙的店裡工作的人，他們的速度就是快不起來。

與之相較，在忙碌的店工作的人，他們的技能特別高超。由於從接待客人到調理、清潔打掃等，都必須同時迅速完成才行，因此他們肯定下了不少工夫，思考如何提高工作效率。

受過訓練，能將超出能力範圍的工作如實完成的人，與未受過訓練的人，兩者之後的實力可能天差地別。

如果在第一階段未能受到如此的訓練，那麼到了第二、第三階段，依然不會提升效率，只能永遠用同樣的速度工作了。即便臨時被要求盡速完成，沒有訓練也做不到吧，一旦被指派超出能力範圍的工作時，便會不知所措了。

不僅廚師，這點對於從事任何工作的人來說都很重要。運動員也是如此，如果沒有接受重力訓練，就鍛鍊不出肌肉，也就無法進步了。我在打工時培養出來的技能，對我日後在職場上的幫助實在太大了。

行動方法

21 除了料理外想獲得更多就需要語言能力

本書介紹的主廚和侍酒師，幾乎都是外語還不怎麼通就飛到國外去了。有人在年輕時出國，但大多數人是抱持「總會有辦法」的想法，而遠渡重洋。令人驚訝的是，果然如此，確實就是總會有辦法的。

不過，不論事前準備充分與否，**眾人一致建議：「應該要先把外語學好。」**

如果從實際在廚房工作的情形來看，語言的確沒那麼重要，因為每天做的事情大同小異，只要記住食材、烹調方法等常用的單字便能搞定了。

不過，**很多主廚都表示，語言不是為了讓工作順利進行，而是為了要「學習更多」所不可或缺的工具。**

一如我在前文所提，除了料理，還有主廚的哲學、該國的文化與生活模式、細微的語感和語意等，如果想要學習更多事情，就必須把語言都學好。

近來，足球選手本田圭佑在加盟ＡＣ米蘭隊的面試中，全程以英語作答而引發話題。有人認為，除非幾年後就要回日本，否則，日後二十年、三十年都要在海外工作的話，即便暫停工作花上一整年時間，都應該先將外語徹底學好。

我住在夏威夷時，也發現有人在當地住了十年以上，卻完全不會說英語。或許他能夠完成工作，但出不了門實在太寂寞了。

在海外不會說外語，不但機會與可能性都可能減少，也無法擴展工作與人生，非常可惜。

22 不用客氣、無須謙虛、更不要壓抑情緒

客氣、謙虛、顧及對方感受而態度放軟，是日本人的優點。不過到了海外，就必須刻意改變這種態度才行。

想做什麼都要主動提出來，如果認為對方的做法不對，就要主動說「我想這樣做」。總之，不要壓抑情感。

如果你不願意卻又不說，大家就會把麻煩的事情都派給你去做，結果，肯定會淪為打雜的，而被任意使喚。

不過，有一點還是要注意，一旦不再客氣、謙虛，凡事提出主張，也不再壓抑情緒後，不少人就會變得只會滿腹牢騷，或者動不動就發脾氣。有些人因為平時不習慣情緒外露，一再忍耐的結果，最後便火山爆發。

不論被拜託什麼都說「我不要」的話，這種情形就跟小孩子任性、不可理喻一樣。如果不說明為什麼不要、為什麼不爽，那麼不就是個愛抱怨、碎念的人嗎？

表露情緒、提出主張，跟想到什麼說什麼，其實，完全是兩回事。

23 溝通從幽默感開始

即便是待在日本的外國人，也是有幽默感的人比較受歡迎。例如電視節目製作人戴夫・斯佩克特。姑且不論他的笑話好不好笑（笑），他還真是對日本超有研究。

幾位名廚也都提到這點。**讀幽默的書**、**看電影**、**研究當地的笑話**，**非常重要**。外國人能夠說當地的笑話，不但令人印象深刻，就算日語說得不靈光也會被接受。笑話是世界通用的語言，要與人溝通，幽默感不可缺。

除了幽默，還可以在進行說明時，以當地人感興趣的事情來做比喻，效果非常好。在歐洲的話，肯定有效的就是足球話題了。能夠善用令人感興趣的話題來說明，會更容易獲得對方的理解。就算不能善用比喻，只要下了這番工夫，應該就能彌補不足了。

24 語言不通也不要放棄

不論在日本多麼用功地學習外語，總是會遇到辭不達意的時候。在海外工作非常辛苦，若是無法好好表達出自己的意思，壓力會更大吧。

不少人因為外語能力不佳，無法溝通，於是便選擇沉默，然而這麼做並不能解決問題。如果有想說的話、想表達的意圖，不妨事先查好字典，演練一下表達方式；如果這樣做還是有困難，那麼寫在紙上交給對方也可以。事實上，德吉洋二主廚有意見想表達的時候，都會在前一天準備好，寫在紙上交給對方。

最糟糕的是，「反正沒辦法講出想講的話就算了」的心態，而放棄溝通。其實，就算說錯了，也只要跟對方說聲「單字或文法弄錯了」就好了。無論如何，請多花點心思，應盡量想辦法溝通。

25 不在同一個舞台上競爭

我在「前言」中已經說明為何日本能夠拿下二〇二〇年奧運的主辦權。詳細情形就如同各位所讀到的，日本之所以能夠打敗伊斯坦堡和馬德里，是因為日本用自己的方式取勝，也就是說，日本不迎合海外，完全以展現自己的獨創性與優勢，來贏得國際奧委會青睞。

這個作戰方式，很值得在異鄉打天下時作為參考。**在海外，不要在同樣環境條件下與外國人**

決勝負是鐵則。

好比說，你到巴黎去旅行，想吃道地的傳統法國料理，你會去法國廚師掌廚的餐廳，還是去日本廚師掌廚的餐廳呢？不必說，當然是前者了。

在海外，如果跟外國人處在相同的環境條件下，你根本無法表現出你的特色。**而更重要的是，你必須思考「自己的舞台」是什麼**。因此平時就必須多留意，和當地人比較一下自己的強項是什麼，這點十分重要。

26 樂在受限的環境中

在海外，比在日本受到更多限制是理所當然的。不但語言不通，對廚師來說，食材也完全不同，未必都適用日本的調理方式。

如果因此心想「食材不同所以做不到」、「大家都不配合，所以做不來」就完了。勝負的關鍵在於能不能樂在這種受限的環境下工作、能不能想方設法去解決困難。

日前我到夏威夷採訪一位和食的廚師，他告訴我，他早知道在海外開店，會碰到日本的食材和調味料取得不易這個困難；因此他在日本的時候，就開始用市售的、大眾化的醬油來自行調味，做出獨創的醬汁，那麼當來到夏威夷後，便不覺得有何困難了。

一定有不少人因為「不是在日本的話辦不到」而放棄了吧，尤其和食的世界相當嚴格，想必有人堅持不得使用市售的醬油吧。此時，端看你能不能靈活變通，如果你能轉個念頭，「普通的醬油也行，只要調成自己想要的味道就好了」，便能樂在受限制的環境中了。

從小就在受限的環境中成長，等於在訓練自己的臨機應變能力。就算味道多少有些差別，請不要埋怨「沒有這種菜」、「沒有那種肉」，應該要思考如何利用現有的食材做出美味的料理。能夠這麼做的人，無論到哪裡都是強者，路也會愈走愈寬廣的。

27 即使勉強自己也要參加社交活動

總是有人在派對等社交場合如魚得水，但如果是到了語言不通的外國，會如何呢？如果本來就不擅長交際，又非得一個人去參加不可的話，想必壓力很大吧。

我到美國留學時，學校裡有酒吧，一去就會碰上老師和同學。剛開始由於語言不通，總是提不起勁，但是一旦去了，就會認識不同國家的人，之後他們就會約我去參加其他的聚會，於是交友圈就這麼擴大了。

雖是勉強自己參加，但一回生二回熟，慢慢習慣後便能樂在其中，況且一個外國人跑去參加這件事本身就很有趣，我也就盡可能去露露臉了。

如果因為外語能力不佳就整天足不出戶，那麼永遠也不會進步。反之，如果將社交活動視為一種訓練而積極參與，機會大門自然會為你而敞開。

包括我在內，絕大多數人都不擅長社交。石塚秀哉侍酒師說他剛**到法國時，都是抱著「上戰場（笑）」的心情，勉強自己參加聚會的**。

就我採訪到的內容來看，石塚侍酒師的法語流利，而且個性開朗又富幽默感，實在想像不到他曾經也這麼慘（笑）。然而即便看起來語言溝通無礙、能和外國人相處融洽的人，也都曾有這麼一段辛苦歲月。因此，實在沒有必要擔心害怕。

工作選擇

28 勇敢把自己丟到嚴峻的環境裡

或許是理所當然的吧，我所採訪的名廚，個個都讓我覺得他們有一股強烈地想要在一流餐廳工作的慾望。

這些受訪的名廚中，無一人抱著「到哪兒都好」的態度，而是積極爭取二星、甚至三星的餐廳。原因不光是因為這些餐廳的名氣高、可以為自己的資歷加分，而是因為**被稱為名店的餐廳，在那裡工作的人除了素質高以外，工作意識也相當高，能跟他們學到更多，受到的影響也更大**。

另一方面，和工作意識不高的人一起工作，同樣也很容易受到他們的影響。試想，把你丟在一群毫無幹勁、虛與委蛇的人群中……。絕對有害無益。

人類是很脆弱的動物。如果四周全是「好了好了，這樣就差不多了，回家去吧！」這樣的人，即便意志力再強，也會向下沉淪。在工作意識低的集團中孤軍奮戰，絕無好事。反之，如果**工作的地方全是工作意識高的人，你還會發現人上有人，激勵自己要更加努力**。

我必須強調，並非在有名的餐廳或在有名的企業工作就好，而是要選擇周遭人的工作意識高而且工作實力強的地方。換句話說，要勇敢地把自己丟到嚴峻的環境裡。

本書介紹的名廚和侍酒師們，無一不是努力躋身進入所謂的名店。而當你動了「反正進不了」的念頭而放棄時，那麼你就輸了。這些成功之士都是一再打電話、寫信，想方設法找到理想的工作場所；換句話說，他們**在進入這些名店時，就已經在接受訓練，培養足以通過嚴峻考驗的實力了。**

29 把自己逼到退無可退的絕境

目前，我個人正在進行鐵人三項訓練。由於我的意志力並沒有那麼強，不認為自己一個人有辦法堅持下去，因此我組了個隊伍，把自己放在不得不做的狀態下。而且我也已經完成報名，再也退無可退了。

意志力超強的人另當別論，但大多數人並非如此，因此才要把自己逼到嚴峻的環境中，讓自己毫無退路。

這種情形就跟**「勇敢把自己丟到嚴峻的環境裡」**一樣，**因為環境可以塑造一個人**。

明明幾乎沒有經驗，然而許多名廚在海外當被指派「明天起就由你來當副主廚」、「開店的事就交給你」時，都會欣然迎接這個職涯轉捩點。

我覺得了不起之處在於，不論面對多大的難題，他們都是異口同聲回答：「我可以。」這個時候，究竟應該回答「我恐怕辦不到」而予以婉拒呢？或者即便不安異口同聲依然挺起胸膛說「我可以」呢？我想答案是，一如在「工作方式」中所述，如果沒有這樣的主張與決心，就無法進步。

如果因為自己的實力難以勝任便回絕，那麼機會永遠不會找上門。因此要主動製造出不得不做的狀態，然後透過超越困難來獲得自我成長。

當然，「我可以」這句話的基礎，是因為這些名廚們都是在起步階段比別人更努力，才能有如此的自信。如果沒有這種基礎，不但工作不會順利，也不會有人重用你。

30 用反推的方式來思考工作的地點

想在三十歲成為一名廚師嗎？想在幾年後自己開店嗎？想拿到米其林三星嗎？或者想開家公司自己創業呢？……**先自問想在何時要達到什麼位置，然後確立時間表再逆推回來，思考現在自己該做什麼。**在受訪主廚中很多人都是從這個觀點去選擇工作地點的，我覺得非常有意思。

舉例而言，佐藤伸一主廚結束法國料理的進修後，就到酒莊去學習釀酒，然然又為了想增加一技之長而遠赴西班牙。大家皆非盲目地選擇，而是確立未來目標後再積極行動。許多名廚告訴我們，**應該逆推回來思考現在該做的事**。這一點，我想一般上班族想都沒有去想吧。

對主廚而言，一家餐廳就如同一家公司或企業，主廚必須肩負起盈虧的責任。當然，研發料理的重要不在話下；除此之外，還必須花心思運籌帷幄、下工夫經營管理。一家餐廳就如同一家公司的濃縮版，也因此，他們才會注意到這些事情吧。

領導能力

31 入境隨俗的管理

許多名廚和侍酒師都是在二十歲出頭就到國外去了，因此絕大多數在日本都沒有主管經驗。明明沒有經驗，卻能成功地管理外國員工，這點很令人驚訝。

為什麼他們辦得到呢？我認為原因之一，不就是因日本料理界的用人管理模式太特殊，不適用於海外嗎？在日本，廚師的上下關係，說得難聽點，就跟奴隸制度沒有兩樣。他們的想法應該是，他們自己在日本工作時就已經很不認同這種方式了，把這套做法搬到國外去也絕對行不通。換句話說，他們只要把日本的用人管理模式當成反面教材，逆向操作就行了。

如果這些名廚和侍酒師們在日本就當上主管，有管理部屬的經驗，說不定到海外反而容易受挫。或許沒有被日本料理界過度薰染，才能夠入境隨俗吧。在此之前，我一直認為沒有主管經驗就不可能做得好，但聽到這些名廚的經驗分享後，我有些改觀了。

在海外從事主管工作，首要之務便是要入境隨俗，配合當地人的做法。在日本，也有上司老愛說：「最近的年輕人，都不知道他們在想什麼。」不過，只是一味憑著自己的價值觀行事，是行不通的。

而且，如果在海外還像在日本這樣，動不動便發飆、揍人，是會立刻遭到逮捕的。尤其在美國，如果說話讓對方覺得受到恫嚇，或者光是虛張聲勢嚇唬人，就會被立即報警處理了。

國情不同，想法、生活方式和工作模式便不一樣。**接受不同的價值觀，會讓管理工作進行得更為順暢**。而關鍵就在於能不能身段柔軟地融入當地的風土民情，找出最好的運作模式來。

32 了解別人的三星與自家餐廳，還有用人的差異

這裡要說明的是，在知名的三星餐廳當主廚，與在自己開設的餐廳當老闆，用人的方式看似一樣，其實截然不同。拿公司職員做比喻應該比較容易了解吧，譬如在大企業工作對待下屬就與自己開店對待自家員工不同。當沒有大企業這塊招牌時的工作方式，對用人管理的影響也非常大。

在米其林三星餐廳工作的年輕人，都以在名店工作為第一考量，而且有心在那裡學習知識與技能，也就是說他們不想被炒魷魚，因此會在一定的程度下聽從指示工作，比較容易管理。主廚

只要技藝服人便會受到尊重，即便下了些無理的指示，也會被接受。

然而一旦自己開店，便失去之前的三星光環。尤其開店初期，因為無星星或只有一顆星加持，進來工作的年輕人或許工作意識並不高，如果有事不能如他們所願，很有可能會遞張辭呈說：「另有人生規畫。」

因為不是大公司，而是少數幾個人的小團體，所以人才的優劣會直接產生偌大的影響。此時就看**能不能理解到，自己的立場已經不同，**進而修正用人方式。特別是想在海外開店或開公司的人，請切記這點。

33 領導者該做哪些事

和助手一起切胡蘿蔔、下料，乍看之下頗感親切，但這並不該是領導者的工作。**領導者該做的是打造出更良好的工作環境，確立團隊的目標與願景，指出未來的方向。**此外，創作新的料理也是工作項目之一。一位領導者如果不清楚自己該做什麼，特別是在海外就容易被看輕。在日本，領導者大家一起捲起袖子做事，堪稱一種美學；然而在海外，一般認為領導者必須是能夠指出方向的人。

在海外，主廚的角色如同管弦樂團的指揮。當今歐洲的知名餐廳，主流做法是由副主廚負責料理，主廚則掌舵經營方針與打造品牌。我個人認為主廚親自烹調料理這種日本美學是正確的，對顧客也比較好。不過，從經營實務面來看，要兼顧下廚與經營，應該也頗具難度吧。

例如，國際知名的法國名廚喬爾．侯布雄，就是一位典型的不在料理現場出現的製作人類型的主廚。松嶋啟介主廚和須賀洋介主廚也相同，他們並不認為一直待在現場料理很重要。

在歐洲，正因為主廚都不親自下廚，所以日本人才有機會出線吧。主廚若是老在廚房賣力揮鏟，年輕的日本廚師就沒有一展身手的機會了。而在日本，因為主廚到了四十歲、五十歲仍待在第一線，因此年輕人就不容易嶄露頭角。

人有適性的問題，究竟主廚該不該待在料理現場，我認為是因人而異。另一方面，也有可能因為主廚不在現場坐鎮，導致餐廳的品質不穩定。因此，還是要認清自己的屬性，依循自己的料理哲學來決定。

自己的強項

34 重新檢視獲得哪些好評

關於在外國人的眼中，日本人具有哪些強項，在本書我已經反覆提過多次，最後想再與大家重視檢視一次。這些強項在申辦奧運的企畫案中也展現無遺，就是細心、正確、周到、專注力、對工作的忠誠度，還有主播瀧川雅美所強調的「盛情款待」（Omotenasi）。而在料理世界中，日本料理還特別擁有「鮮味」這種味道，也不容忽視。

之前我採訪過北歐人，寫了一本關於新幸福觀的書《Less Is More》（鑽石社）。**「Less Is More（少即是多）」**是世界三大建築師之一密斯·凡德羅（Ludwig Mies van der Rohe）的名言。而他所主張的「在極簡中創造美感」，是日本原來就有的美學。

以全世界最夯的iPhone來說，你不覺得它是如此地符合日本傳統美學觀嗎？簡約再簡約，從極簡中創造出美好。賈伯斯喜好禪文化這點，由此可見一斑。

這樣的強項，是日本人與生俱有的，卻因為過度崇洋媚外，最終卻喪失了。過去，我們一直都在捨棄了外國人絕對無法模仿的天賦，來與其較勁，當然難以致勝。不過，現今外國人卻反過來對我們的簡約美學感興趣，並熱衷學習。

我們需要再次重新檢視日本人的優點與受好評之處。**要活躍於世界最重要的就是讓自己具備日本人的強項**。當然，必須改變的地方也不少，例如不要過於謙遜、要有自己的主張等等，都是能在國外生存的要素，當然，也沒有必要照單全收，勉強自己完全配合。

每到其它國家，我總會四處看看、吃美食，而與當地人聊天，有時候會意外發現自己所不知道的關於日本的種種。尤其在日本取得二〇二〇年奧運主辦權後，這種感覺更為強烈。

請到日本各地逛逛，去重新看待日本的文化與料理吧，然後再將日本的精髓揚傳到世界。此時此刻，我強烈感受到，我們不得不重新看待自己的國家。

UPF0167

米其林大師從未說出的34個成功哲學

作者—本田直之
譯者—葉韋利、林美琪
主編—林芳如
編輯—謝翠鈺
企劃—林倩聿
美術設計—賴佳韋
內頁排版—李宜芝
發行人—趙政岷
出版者—時報文化出版企業股份有限公司
10803台北市和平西路三段二四〇號七樓
發行專線—（〇二）二三〇六—六八四二
讀者服務專線—〇八〇〇—二三一—七〇五
（〇二）二三〇四—七一〇三
讀者服務傳真—（〇二）二三〇四—六八五八
郵撥—一九三四四七二四時報文化出版公司
信箱—台北郵政七九～九九信箱
時報悅讀網—http://www.readingtimes.com.tw
法律顧問—理律法律事務所　陳長文律師、李念祖律師
印刷—勁達印刷有限公司
初版一刷—二〇一五年六月二十六日
初版二刷—二〇一八年五月一日
定價—新台幣三二〇元
（缺頁或破損的書，請寄回更換）

時報文化出版公司成立於一九七五年，
並於一九九九年股票上櫃公開發行，於二〇〇八年脫離中時集團非屬旺中，
以「尊重智慧與創意的文化事業」為信念。

米其林大師從未說出的34個成功哲學 / 本田直之
作. -- 初版. -- 臺北市 : 時報文化, 2015.06
面 ;　公分 -- (UP ; 167)
ISBN 978-957-13-6297-7(平裝)

1.餐飲業管理　2.職場成功法　3.日本

483.8　　104009540

NAZE, NIHONJIN CHEF WA SEKAI DE SHOBU DEKITANOKA
by NAOYUKI HONDA
Copyright © 2014 by NAOYUKI HONDA
Chinese（in complex character only）translation copyright © 2015 by China Times Publishing Company
All rights reserved.
Original Japanese language edition published by Diamond, Inc.
Chinese（in complex character only）translation rights arranged with Diamond, Inc. through BARDON-CHINESE MEDIA AGENCY.

ISBN 978-957-13-6297-7
Printed in Taiwan